酒窩

WINE NEST

輕鬆進入葡萄酒的世界

作者序

　　筆者不是從事葡萄酒相關工作的專業人員，而是一個普通的科技業工程師，十多年之前有幸與一瓶迷人的葡萄酒Château Calon Ségur相遇，而改變了未來的人生道路。

　　我開始踏上追尋葡萄酒及其知識的旅程，期間取得了一些不同程度的國際或獨立產區證書，包括ISG及WSET的高階認證，結識了一樣愛好葡萄酒的同伴，也喝過許多令人驚豔的酒，便愈來愈對葡萄酒世界的廣闊與深奧著迷，進而也希望將葡萄酒的美好傳達給其他人，因此有了寫下這本書的念頭，本書可以說是之前學習課程的重點整理，包涵葡萄酒歷史、風土條件、品種、產地、釀造、侍酒等等，內容十分基礎且淺顯易懂，希望藉由這本書讓更多人對葡萄酒有多一點點的了解及喜愛。

彭智頎

目錄

1.
什麼是葡萄酒？

　　簡單來說，就是使用葡萄或是葡萄汁與酵母經發酵作用將果實（汁）中的葡萄糖轉化成酒精的一種飲料，是一種單式發酵的製品（另一種是複式發酵，系指使用澱粉質原料，先使用糖化劑將澱粉糖轉化爲可發酵性糖，再進行發酵的方式，例如以米、大麥、玉米等原料製作的酒）。

　　葡萄酒一般可分爲三種型態——靜態酒（Still Wine）、氣泡酒（Sparkling Wine）與加烈酒（Fortified Wine），其中最常見的葡萄酒爲靜態酒，經過開放容器發酵，並將發酵過程中產生的二氧化碳逸散掉，使酒液中不含二氧化碳的酒。再來是氣泡酒，與靜態酒相反，氣泡酒會刻意的將二氧化碳留在酒液內，或是在酒精發酵完成後，再加入酵母與糖，使之再次發酵以產生二氧化碳氣泡。最後是加烈酒，在發酵中或後加入烈酒（通常是葡萄蒸餾酒），如果是在發酵中加入烈酒，會打斷酵母的發酵工作，果汁中的葡萄糖無法完全被轉化，而使成品酒帶有甜味，而如果是在發酵後才添加烈酒，製作出來則是不甜的加烈酒。

　　依型態分爲三種後，又可再依製成品的顏色分爲紅酒（Red）、白酒（White）與粉紅酒（Rose）三種，紅酒爲使用黑葡萄（black grape）釀造，將皮、果實、果汁一同發酵後再搾汁，皮中的顏色便會染入酒中，使酒呈現紅或紫色的色澤，故稱紅酒，但是其實紅酒也會依照品種或釀造的方式不同，而有紅寶石、深紅、紫紅色等顏色。白酒與紅酒相反，多是使用白葡萄品種釀造，先搾汁，只使用果汁發酵，因此產出的酒會偏淡黃色或接近白色，當然，也是可以使用黑葡萄來釀造白酒，只要先進行搾汁的程序，不讓深色的皮參與發酵的過程，成品仍然會偏白酒，不過這在靜態酒中並不常見，使用黑葡萄多半還是希望萃取皮中的風味、單寧與顏色，此方法在氣泡酒的釀造中會比較常見到，這個在後面氣泡酒的章節中會再做詳細的說明。而粉紅酒則是使用黑葡萄，透過縮短與皮接觸的時間來控制染色程度，達到使外觀呈現漂亮粉紅色的目的。

　　當然你可能聽過黑酒，它是指法國卡歐斯（Cahors）地區釀造的一款顏色極深接近黑色的葡萄酒，但是它還是屬於紅酒的範圍，另外還有橘酒（Orange Wine）一種白葡萄經較長時間與葡萄皮接觸後才進行搾汁釀造的工序，因此看起來會比一般白酒有著更深的橘色色澤，但是它仍然是屬於白酒的一種。

　　最後，為什麼是「葡萄」酒？其他水果也可以釀成酒，為何葡萄酒是目前世界上最多也最貴的水果酒呢？

　　一是因為葡萄中含相當多的葡萄糖，能使酵母非常有效率的開展發酵工作，更重要的是，數千年來人類嘗試各種水果的發酵酒後，發現葡萄酒是所有水果酒中香氣與味道最豐富多變的，而且可以隨著時間愈陳愈香，葡萄受產地的風土條件影響非常顯著，因此各地釀造的葡萄酒都能呈現多樣的風味，正是這種迷人的多變性，讓葡萄酒成為所有水果酒中最特別的存在，在之後的章節中會繼續探討風土條件對葡萄酒的影響。

2.
葡萄酒的發展歷史

葡萄酒貿易幾乎參與了數千年來將世界上大部分文化融合的過程，從葡萄酒或是葡萄品種本身的交易軌跡，可以看出數個世紀以來，各地間文化接觸的影子，葡萄酒文化隨著貿易、遷徙、侵略、殖民等方式一路從高加索人的時代發展至今。

其實葡萄酒是一種可以從大自然中產生的產物，能讓葡萄糖發酵的酵母並非是人類的發明，人們只是栽培、改善酵母的品質與作用，葡萄皮及環境中本來就有各種野生酵母存在，當葡萄成熟，果實自然掉落而破皮後，酵母滲入了果肉之中，並將成熟果實中的糖分轉化為酒精，在當時，吃掉這些發酵果實的動物們，就是世界上第一批的葡萄酒飲用者。

高加索人

說到人類開始飲用葡萄酒的時間，大部分考古學家認為應該在西元前7000年至西元前5000年之間，當時人類漸漸改變原本遊牧、打獵的生活方式，轉為開始定居在某地生活，種植作物、馴養動物及儲藏食物，也就在這時，經過人工釀造的葡萄酒開始進入人類的歷史之中。第一批種植與釀造葡萄酒的人類可能是在高加索及其南部高山地區、位於西亞及東歐交界處，黑海與里海之間生活的人們，這些區域成為連接其他中東文化的重要地理交接處，從高山地形發源，沿著河流往下游地區傳播，帶動了這些鄰近地區的葡萄酒釀造活動。

埃及文化

時間再來到埃及文明，埃及文明對葡萄酒釀造的初期有著重要的影響與貢獻，飲用葡萄酒是埃及文化相當重要的部分，在已發掘的埃及文物紀錄中可以看到，埃及人不只飲用葡萄酒，甚至會紀錄葡萄酒的年分、園地、釀酒者與釀造方式，為葡萄酒釀造見證了最早的、有系統的文字及繪畫紀錄。

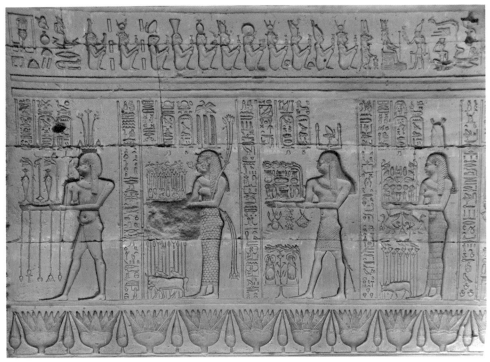

埃及壁畫

腓尼基人

　　雖然埃及文明對於紀錄初期葡萄酒歷史有非常重要的貢獻，但腓尼基人是促使葡萄酒傳播更重要的因素，大約在西元前十四、十五世紀時，他們定居於地中海濱，建立了許多城邦，包括現今的黎巴嫩、以色列境內的阿什杜德、阿什凱隆和以革倫，並以從事貿易和進行殖民為主，被喻為是那個時代出色的探險家及航海家，在地中海積極的從事商業活動，並在北非與南歐開始建立殖民地，在他們的各種貿易、遷徙與殖民的活動中，帶動了葡萄酒、葡萄植株、種植與釀造等知識的傳播。

希臘文明

　　西元前四、五世紀，較早的古希臘文明中，他們與中東地區的商人頻繁的進行貿易，利用兩種主要的商品——葡萄酒和橄欖油發展

經濟，再透過對各地區殖民擴大了葡萄的種植區域，並積極開展對葡萄種植與釀造技術的研究，希臘人對葡萄酒發展最大的貢獻在於將他們研究的技術引進現在的歐洲國家，例如法國、西班牙、義大利等地。

希臘聖托里尼島的葡萄園

羅馬文明

　　當希臘開始衰敗，羅馬人的文化隨之崛起，羅馬人的領地在歐洲地區快速的擴張，這對葡萄酒在歐洲的發展起到了更全面且關鍵的影響，他們當時已經會使用手稿紀錄葡萄的栽培與釀造過程，並試著去了解氣候、土壤、坡度等環境因素對於葡萄的重要性，在當時，河流是非常有效的交通路線，於是羅馬人沿著歐洲的主要河流建立了許多葡萄種植區，例如法國的勃根地、波爾多、隆河、羅亞爾河，德國的萊茵高，奧地利多瑙河流域等地。

修道院主導釀造

　　在西元5世紀，羅馬帝國消失之後，歐洲在之後的數百年間開始日漸衰退，進入了黑暗時代（Dark Ages），各種疾病流行、外族入侵，社會混亂，人民生活困苦，使得當時人們開始追求宗教的力量，在這樣的環境之下，修會的修道士遍佈歐洲，推動歐洲從黑暗時代進入中世紀時代（Middle Ages），在這個時代，修道士們對於葡萄酒的釀造提供了重要的貢獻，畢竟葡萄酒是許多教會活動中不可或缺的部分，也是日常飲食的一部分，其中有兩個修會在葡萄酒的發展貢獻上最為傑出，就是本篤會（Benedictines）與西多會（Cistercians），他們記載了葡萄栽培與釀造的重要資料，並建立了許多現代葡萄園的雛型，即是用圍牆圍住優秀的葡萄園，以保證這些園地以內葡萄酒的獨特性。

圍繞著修道院建立的葡萄園

葡萄酒商業化

　　修道士在歐洲葡萄酒界就這樣一直保持著重要的地位，直到15世紀，人們的意識開始轉變，葡萄酒不再是宗教專屬的產物，社會開始將葡萄酒逐漸商業化，各式葡萄酒店鋪在城鎮及港口開立，並在17、18世紀開始了歐洲各國的探索時代，荷蘭人在南非開普建立了葡萄園，英國人則將殖民地擴張到澳洲及紐西蘭，將葡萄的栽培及釀造進一步的再推展至新世界。

根瘤蚜蟲害與法規的制定

　　到了19世紀的下半葉，北美洲的害蟲和疾病被無意中帶入了歐洲，包括白粉黴、霜黴以及危害最大的根瘤蚜蟲（Phylloxera），因為歐洲品種的葡萄對此病蟲沒有抵抗力，所以感染了根瘤蚜蟲的葡萄藤開始大量死亡，並在60年代從法國漸漸蔓延到歐洲各地，僅在法國，被根瘤蚜蟲摧毀的葡萄就超過100億株。

　　因為根瘤蚜蟲害導致葡萄酒產量大幅減少，很多地區減少了葡萄的種植面積，某些地區則改變了主流的葡萄品種，並開始將歐洲的芽嫁接到美洲種的樹根上來抵抗蟲害，但市場上已經出現了許多假冒或劣質的葡萄酒，為了保護葡萄酒產業，法國政府在20世紀30年代，通過了許多葡萄酒相關的法規，其中包括了一套產區命名的控制（Appellation d'Origine Controllee, AOC），後來產區命名的控制方法也被其他國家使用，逐成為葡萄酒行業的國際標準。

樹葉上的根瘤蚜蟲

3.
風土條件
——葡萄酒的風味來源

何謂風土？

　　風土條件（法語：Terroir），此名詞來源於法國，是對農產品在生長過程中所依賴環境因素的總稱，而在葡萄酒的生產過程中，風土條件極爲重要，是葡萄酒中產生不同風味的主要因素，卽使是在同一地區中釀造的酒，也可能因爲各有不同的地勢、坡度、土壤等因素，造就葡萄酒完全不同的品質或風味，而今在葡萄酒的釀造中提到的Terroir，除了自然的條件之外，還包括了釀造當地的文化、習俗、釀造手法等人文因素，總括來說，風土，卽爲包含了天、地、人三方面要素的總合。

3.1 自然環境

　　在討論葡萄的生長環境前，我們需要了解葡萄生長所需的元素，爲了生存，葡萄藤（或任何其他植物）會從周圍的環境中取得它所需的所有元素，而這些元素分別是：熱能、陽光、水、養分及二氧化碳。首先是熱量及溫度，葡萄生長的環境必須在合適的溫度下，雖然每個品種都有最適合生長的氣溫，但是太冷或太熱的地方，葡萄都無法生長，當生長季來臨時，葡萄藤便會開始行光合作用，吸收陽光以結合二氧化碳與水，產生葡萄糖及氧氣，而產生的葡萄糖與土壤中的養分，卽是提供葡萄生長所需的原料。

　　而能影響這些生長所需的元素的環境，就是我們要探討的風土環境，一個環境要素可能會影響到許多方面，我們今天就將這些比較重要的環境因素列舉出來，並說明它能影響的範圍。

緯度

　　這個是非常直觀的一項因素，離赤道愈近的地區平均溫度也愈高，大部分的釀酒葡萄園都在南北緯30至50度之間，超過這個範圍可能會太冷或太熱而不適合栽種釀酒葡萄。

高度

平均每上升100公尺，氣溫下降約0.6度，在比較熱的緯度地區中，若是所在的地勢較高，則可以平衡過高的溫度，最有名的例子應該就是阿根廷的卡法亞特（Cafayate）或門多薩（Mendoza），此地區雖然較接近赤道，但是由於地勢夠高，仍然能符合葡萄生長所需的氣溫。

大陸度

即一個產區受大陸或海洋影響的程度，大陸型氣候受陸地影響最深，再來是地中海型氣候，而海洋型氣候則最受海洋影響，大陸度愈高的地區，因為沒有海洋的調節，通常四季與早晚的溫差較大，也更乾燥。

海洋洋流

如果產區的所在地剛好位於近海地區，則很容易受到海洋的影響，除了能受到大片水域調和溫度的作用外，如果是處在海洋涼流的入口處，還能進一步的得到從海洋帶來的冷空氣及水氣，在炎熱的地區例如美國的加州，涼爽的海風便是造就當地適合栽種葡萄的主要因素。

坡向

面向赤道的坡向可以最大程度的接受到太陽的熱與陽光，在北半球是向南坡，在南半球則是向北坡，是否屬於向陽坡對於在寒冷產區的葡萄來說，常是能讓葡萄成熟的關鍵因素。

土壤

土壤除了能提供植物生長所需的養分外，對於水的保持力及溫度的控制同樣也非常重要，如果土質是屬於較大顆的岩石、礫石等，

那土壤的排水性就會比砂土，黏土等更好，而排水性愈好，通常也表示該地表的溫度愈能保持，而且釀酒葡萄在轉色期（Veraison）後，如果能適當的缺水，會讓葡萄的風味更加濃縮。

自然災害

在自然環境中，也有相當多的不利因素會影響葡萄的生長、成熟或採收，例如著名的根瘤蚜蟲害、線蟲等昆蟲災害，霜黴、灰黴及白粉黴等真菌類危害，另外還有春霜、冰雹、乾旱等，都會嚴重影響整個葡萄園。

在山坡地帶的葡萄園

3.2 人爲因素

　　在人爲因素這個方面，主要就是因應自然因素的各種優缺點，作爲葡萄園種植、整理、採收等一系列農業活動的依據，以溫度爲例，就是在炎熱的地方創造涼爽的環境，在寒冷的地方保持溫暖的條件等，使葡萄在最有利的狀況下生長，避開各種災害、使葡萄在最佳的狀態下被採收後送入釀酒廠，釀酒廠再依照葡萄的特性、酒莊風格、市場趨勢等因素，釀造出心目中的理想酒款。

　　而人爲因素通常被分爲兩個步驟，卽葡萄園管理及釀造，這兩個步驟彼此息息相關，葡萄的生長、採收狀況直接決定了釀造的品質，而釀造前就必須先依照希望呈現的葡萄酒風格來管理葡萄園。

葡萄園管理

　　首先第一個步驟就是選擇合適的地區來栽種葡萄，而考慮的因素就是上面提到的各種自然環境條件以及希望種植的葡萄品種、價格等等，然後就是種植葡萄，依照希望的葡萄酒品質來決定種植的密度，通常較平價的酒款種植密度會較高，以提升產量，然後就是對葡萄藤的管理，這是種植動作的重頭戲，包括兩項最重要的工作──塑形及剪枝，塑形的選擇會依照當地對環境的需求來決定，例如在比較濕冷的地區，會選擇將葡萄藤塑造在較高的位置來避開地面的水氣及冷空氣，而在有強風侵襲的地區，則會將葡萄藤塑形爲像一個籃子狀的環形結構來保護葡萄藤及果實。各種葡萄藤塑形的方式都是爲了順應該地的氣候或天氣，剪枝則是透過對於葡萄藤上枝芽修剪來達到對於產量及果實風味集中度的控制，保持產量與風味的平衡。

　　經過細心的照料、葡萄順利成熟後，就到了重要的採收時刻，經驗豐富的釀酒師會依照品種本身的特性、當年的天氣條件、葡萄的成熟狀況等因素來判斷何時才是採收的最佳時機，而在葡萄成熟至採摘的時候也可能會遇上各種不利因素，例如遇到大雨，充沛的雨水會

稀釋果實的風味、冰雹會打壞果實，或各種小動物、昆蟲的啄食等等，而葡萄的採收也會依照各種情況被分為不同的採收方式，例如有些當地的法規規定需要手工採收、或地勢太過陡峭不允許機器採收，或是有些貴腐葡萄需要用人工去判斷葡萄脫水狀況等等，都是會影響該地是可以使用機器採收或必須人工作業的因素。

棚架上的葡萄藤

醸造

　　當葡萄被順利（或不順利）的採收後，就會被送到釀造場地進行醸造的工作，而釀造的工序極為繁複而且很多手序是會依據現實狀況來決定是否需要使用的，這邊就簡單介紹一下幾項重要的醸造程序，靜態酒釀造在後面的章節會有較詳細的說明。

　　葡萄送到釀酒廠的第一個步驟通常是會先挑選葡萄，去除某些不成熟或是已經爛掉的葡萄，只留下健康適合釀造的，然後是去梗及破皮，壓破葡萄皮並避免壓破葡萄籽，葡萄籽中通常含有帶苦味的油，接著是榨汁，此步驟會將果汁與固體的部分分開，例如果肉、果皮、籽等等，值得注意的是紅葡萄酒是先將果肉、果汁及皮一起發酵

後才進行榨汁，白葡萄酒則是相反，先榨汁，只用果汁進行發酵，發酵就是利用酵母將葡萄中的糖轉化爲酒精、二氧化碳及一點點的熱能，是將果汁變爲酒精飲料的重要步驟，下一個步驟爲調合，釀酒師可能會將不同年分、產地、品種等各種基酒依照理想的比例混合，來達到酒莊希望傳達給消費者的風味，然後是澄清及過濾，此目的是爲了讓酒的成品去除釀造時產生的物質（酵母）或其他雜質，讓酒的外觀純淨並增加酒的穩定性，完成這些步驟後，就可以裝瓶、裝箱、包裝上市了。

　　自然環境固然重要，但是能決定一瓶酒的成敗的，仍然是釀造的人，認眞觀察產地的風土條件，順應環境及其品種生長方式，給予葡萄細心的照顧。釀造時不做過多人爲的干涉，致力於天、地、人三個要素的和諧，才能釀造出淋漓盡致的展現當地風土特色的優良葡萄酒。

使用橡木桶熟成葡萄酒

4.
常見的釀酒葡萄品種

4.1 黑葡萄

4.1.1 卡本內蘇維翁（Cabernet sauvignon）

　　卡本內蘇維翁，應該是世界上最為人所知的釀酒葡萄品種之一，相信很多人在剛開始學習葡萄酒時，第一個學習的地點便是法國波爾多產區，而作為波爾多的代表品種，它也成為第一個進入耳中的品種名稱。

　　卡本內蘇維翁在17世紀法國西南部的波爾多無意中被培育出來，是卡本內弗朗（Cabernet Franc）與白蘇維翁（Sauvignon Blanc）的雜交（hybrid）品種，之後在上世紀90年代開始，便被廣泛種植在世界上各個葡萄酒產地，幾乎所有產區都可以看到它的身影，而它在每個地區都如此受歡迎的原因，離不開它的兩個特性：一、易生長，且能抵抗相當多的病害，特別是黴菌（Botrytis cinerea），卡本內蘇

維翁的對環境的適應力非常強，在不同土壤、氣候都能夠成長並維持相當的品質水準，它甚至在沙漠中都能長大，不過因爲它屬於較晚熟的品種，最適合它的還是礫石、卵石，沖積質及砂質土壤等排水良好、儲熱能力佳的土壤，以確保能獲得足夠的熱能。二、釀酒品質佳，卡本內蘇維翁的葡萄果皮厚，在發酵時皮中擁有相當多能產生風味的酚類物質，同時也具有高單寧，酸度明顯等特徵，這些條件都能很好的讓葡萄酒具有強勁的酒體架構與陳年潛力。

在種植、品質、市場等有利條件的作用下，卡本內蘇維翁快速的在葡萄酒的世界上發展，目前已經是世界上最爲廣泛栽培的葡萄品種，雖然在葡萄產地的版圖上隨處可見，但隨著各產地的氣候與風土條件不同，造成的熟成差異，生產出的酒也各有其特色，最出名的卡本內蘇維翁產區普遍被認爲是：法國波爾多左岸、美國那帕谷、義大利托斯卡尼、澳洲庫納瓦拉與瑪格麗特河。

4.1.2 梅洛（Merlot）

　　她在波爾多左岸常被當作卡本內蘇維翁的混釀好夥伴，在全
世界的紅酒中產量是世界第一（卡本內蘇維翁是種植最廣），她起
源於法國波爾多右岸，雖然在左岸時常與卡本內蘇維翁混釀，當作
圓潤酒體與增加柔和果香的角色，但在原生產地的右岸，如波美侯
（Pomerol）和聖愛美濃（Saint-Émilion），可是常常被當作主角甚至
是以單一品種釀造，最出名的莫過於彼得綠堡（Chateau Petrus）了，
出色的品質證明她絕非只能擔任配角，而是能撐起整瓶酒的完成度。

　　作為法國的原生品種，梅洛是卡本內弗朗和另一種不是很知名
的Magdeleine Noire des Charentes葡萄的後代，屬於相對比較早成熟

的品種，皮薄，果肉飽滿多汁，相對較容易感染灰黴病等病害，適合生長在粘土以及石灰石土壤，釀出的酒單寧較低，酒體飽滿而柔和，並帶有成熟的紅色或黑色水果氣息，如李子、櫻桃、草莓、桑椹等，整體而言是相當討喜的個性，讓她一路從法國延伸到義大利，然後到了美國、智利、阿根廷等美洲國家，目前則是世界各地大部分都有種植。

梅洛因為單寧及酸度較低，且擁有豐沛柔美的果味的特點，在市場上的接受度很高，而且她也與許多料理都相當搭配，例如各式白肉類、帶有甜味的BBQ、烤雞等等，如果想開始嘗試喝紅酒，或是想送紅酒當作禮物、婚禮宴客的場合，都不妨可以先考慮這位「大眾情人」梅洛哦。

4.1.3 黑皮諾（Pinot Noir）

　　優雅、纖細、複雜，是對黑皮諾這個品種最直觀的感受，作為世界上均價最高的葡萄酒品種，黑皮諾無疑也是最具魅力的品種之一，特別是在法國的勃根地，幾乎所有的紅酒都是由黑皮諾釀造，然而僅是一街之隔的園地，釀造出來酒的風格也可能是天地之別，如此耐人尋味的黑皮諾，自然成為全世界葡萄酒愛好者收藏的目標。

　　黑皮諾對於生長環境有相當的要求，適合生長在寒冷氣候中，石灰黏土是最理想的土壤形態，但是由於相對早熟及果皮較薄，使得她抗病蟲害能力較弱，容易感染卷葉病、灰黴病等，且在成熟時容易落粒，在採收階段也特別需要小心大雨造成的影響，葡萄酒農會需要花更多心力在照顧黑皮諾，在勃根地，許多知名的葡萄酒莊／園中，幾乎隨時可以見到酒農在園中巡視，注意葡萄狀況，避免變質。

　　雖然照顧黑皮諾生長的過程相當辛苦，但是回報是甜美的，她釀出的酒顏色較淺，通常呈現紅寶石色，年輕時香氣主要以果香及花香爲主，通常會是紅莓、櫻桃、梅子、草莓、覆盆子、玫瑰花或其他花香，口感柔和溫潤，優雅細緻，豐富的層次與略高的酸度讓黑皮諾在陳年的潛力上也相當占優勢，在陳年後通常會帶有皮革、雪茄、土地與松露等的迷人香氣。世界上較優良的產地爲法國勃根地、香檳區、阿爾薩斯，美國的索諾瑪以及紐西蘭、澳洲的涼爽氣候產區。

4.1.4 田帕尼歐（Tempranillo）

　　西班牙最重要的葡萄品種，而且目前越來越受新世界的歡迎，它的名字是西班牙語temprano（早期的）與illo（源自拉丁語的後綴詞，意思為「小」）的組合字，指的是它比大多數西班牙紅葡萄早幾個星期成熟與略小的果實，她的成熟期短，適合在石灰石與粘土的土質上成長，雖然幾乎整個西班牙都有種植，但是在利奧哈（Rioja）與杜羅河谷（Ribera del Duero）生長得最好，品質也最出色。

　　田帕尼歐釀造時需要長時間的浸皮來萃取皮中的酚類物質與單寧，雖然有時使用二氧化碳浸漬法來釀造簡單葡萄酒，但是大部分還是會使用橡木桶陳年，其品質由橡木桶熟成的時間決定，傳統上會使用美國橡木桶，大部分會在酒廠中窖藏後發售，而且西班牙對於陳年的時間有嚴格的分類，最年輕的是Joven，幾乎不經橡木桶或只有在短暫橡木桶陳年的葡萄酒，通在是當年度採收後，隔年春天就會上市

銷售，再來是Crianza，要經過6個月的橡木桶陳年與加上瓶中熟成總共24個月，時間再長一點就是Reserva，需1年的橡木桶陳年與瓶陳加總陳年3年，而陳年最久的則是Gran Reserva，這個等級需橡木桶陳年18個月及加上瓶中陳年達60個月，也就是從釀造完成後必需在酒廠待足5年才可上市，而且是在良好的年分才會釀造這個等級，所以Gran Reserva通常也代表了西班牙最優質的紅酒。

　　田帕尼歐通常會帶有草莓、李子、香料、香草、咖啡、烤吐司、椰子等香氣，果香與橡木桶陳年的風味達成優雅的平衡，作爲西班牙最著名的品種，自然也很搭配西班牙的美食，較年輕的田帕尼歐可搭配伊比利火腿、西班牙海鮮飯等料理，而味道更厚重的烤肉、牛排等，則是陳年田帕尼歐的最佳組合。

4.1.5 希哈（Syrah / Shiraz）

　　法國原生品種，是Mondeuse Blanc與Dureza的後代，早熟、萌芽晚，果串緊湊、果粒小，因其成熟期短的特性，需要生長在較溫暖氣候中以達到成熟，目前在世界上被廣泛種植，其種植數量之多，在紅葡萄酒中大概只略低於卡本內蘇維翁與梅洛，雖然他是法國品種，但是目前最負盛名的產區，除了法國的隆河之外，就是澳洲了，在澳洲與南非，這個品種被命名為Shiraz，澳洲的葡萄酒世界中，Shiraz是最主要的葡萄品種，幾乎所有的澳洲次產區都有生產，在19世紀中至末期，歐洲發生大規模的根瘤蚜蟲害（Phylloxera），但澳洲並未受此影響，因此得以保存許多老藤，著名的巴羅莎谷地（Barossa Valley）就保留了相當數量的老藤，此處生產的Shiraz帶著濃郁的黑色水果及香料味，風格強勁、滋味深邃。

　　而在他的原生地法國隆河，Syrah常被用來當成混釀的重要元素，雖然他單一品種表現優異，但跟其他品種配合的時候，會表現出更全面及平衡的面貌，例如南隆河最著名的混釀以格納西（Grenache）、希哈（Syrah）、慕維得爾（Mourvèdre）混合而成的GSM，在北隆河的羅第丘（Cote Rotie）會加入不超過20%的維歐尼耶（Viognier），而在艾米達吉（Hermitage），偶而會與瑪珊（Marsanne）及胡珊（Roussanne）這兩個白葡萄品種混釀。

　　希哈，生於法國，但在新世界中大放異彩，特別盛行於澳洲，其功勞離不開被稱澳洲國寶級葡萄酒莊的奔富酒莊（Penfolds），其單一品種或混釀酒款眾多而其中的旗艦酒款葛蘭許（Grange）被稱為澳洲酒王，更被列入「南澳洲非物質文化遺產名錄」，足見希哈在澳洲葡萄酒中的地位。

4.1.6 佳美（Gamay）

　　原名為白汁黑佳美（Gamay Noir à Jus Blanc），常被簡稱為佳美（Gamay），是法國重要的紅葡萄品種之一，在法國許多地區如薩瓦（Savoie）、都蘭（Touraine）等地都有生產，除法國以外，義大利、紐西蘭、美國、加拿大等也有生產佳美葡萄酒，但是最著名也最重要的產地，絕對是法國的薄酒萊（Beaujolais）地區。

　　薄酒萊位於法國中央東南部，勃根地（Burgundy）的南邊，土壤以砂土、粘土、花崗岩為主，其中的花崗岩非常適合佳美生長，雖然相當多產區都有種植佳美，但是真正讓佳美聲名大噪的，我想非每年十一月第三個星期四統一發售的薄酒萊新酒莫屬，使用100%佳美葡萄，並以二氧化碳浸漬法釀造的薄酒萊新酒，因其特殊的釀造手法，酒中充滿了紅色果香與甜美的糖果風味，酒體輕盈，單寧也不明顯，深受世界上的飲用者歡迎。

　　然而大受歡迎的薄酒萊新酒卻也讓部分的人誤會了薄酒萊這個產區似乎只生產這種果味濃厚、酒體輕盈，適合新鮮飲用的新酒，事實上，薄酒萊最優質的酒來源於特級薄酒萊10個Cru，他們擁有特別的風土條件，是其他村莊所無法比擬的，生產的葡萄酒以傳統方式釀造，甚至會使用橡木桶熟成，並具備了相當的陳年潛力。

　　要體會完整的薄酒萊佳美，絕非只有等待11月分出產的新酒，在10個cru之中特別是摩貢（Morgon）與風車磨坊（Moulin-a-Vent）的產品，可陳年10年甚至於20年以上，陳年之後，會逐漸散發出鳶尾花、水果乾、香料、松露的味道，酒體醇厚，結構完整，層次豐富，其深邃複雜的風味遠遠在新酒之上。

4.1.7 山吉歐維榭（**Sangiovese**）

　　山吉歐維榭（Sangiovese）得名於拉丁語Sanguis Jovis（意思是宙斯之血），是Ciliegiolo和Calabrese Montenuovo這兩個古老義大利品種的後代，同時也擁有許多克隆品種分支，最普遍的分法為分成大山吉歐維榭（Sangiovese Grosso）與小山吉歐維榭（Sangiovese Piccolo）。大山吉歐維榭在蒙塔奇諾（Montalcino）地區被稱為布魯內洛（Brunello），原本當地人認為布魯內洛是一個獨立品種，所以給他取了這個名字，但是後來過經過分析發現布魯內洛與山吉歐維榭是同一品種，但是當地的部分生產者仍然認為布魯內洛是獨特的，與一般的山吉歐維榭略有不同。

　　此品種發芽較早且成熟緩慢，生長季長，需要白天溫暖夜晚涼爽的氣候讓葡萄充分成熟並保有酸度，能夠適應許多不同類型的土

壤，但是最適合粘土、石灰石及葉岩，在義大利中部地區被廣泛種植，包括托斯卡納、艾米利亞—羅曼尼亞、阿布魯佐和馬爾凱地區，其中最著名的應該是托斯卡尼的奇揚地（Chianti）與剛剛提到的蒙塔奇諾，這兩個地區生產的山吉歐維榭在國際的葡萄酒市場中均享有盛名。

在奇揚地，允許在葡萄酒中添加少於20%的其他品種，傳統是添加白葡萄酒調配以柔化葡萄酒，現代則會添加卡本內蘇維濃以增加酒的架構及層次，布魯內洛蒙塔奇諾則是只能使用100%的布魯內洛（山吉歐維榭），頂級的山吉歐維榭葡萄酒有窖藏數十年的潛力，常見的香氣有百里香、黑胡椒、番茄葉、紅醋栗、黑櫻桃、覆盆子、黑莓及皮革，經橡木桶陳年後會增添咖啡、肉桂、菸草、檀香木等風味。

4.1.8 內比奧羅（Nebbiolo）

　　主要種植於義大利的皮埃蒙特（Piemonte），特別是在巴羅洛（Barolo）及巴巴瑞斯可（Barbaresco）兩個產區最負盛名，有義大利酒王及酒后之稱。內比奧羅是從義大利語「nebbia」也就是「霧」這個字衍生而來，因其是在霧中成熟得名，因此也常被稱為霧葡萄。

　　內比奧羅是萌芽早且成熟晚的品種，生長期長，且對種植的土壤十分挑剔，適合種植在石灰質土壤中，產量相當少，只佔約皮埃蒙特產量的6%。成熟的內比奧羅有著非常高級、複雜、甚至是神秘的吸引人香氣，通常會是紫羅蘭、焦油、松露、玫瑰、甘草、乾草或櫻桃露等的香料系氣息，但是年輕時卻是屬於三高（高酸、高單寧、高酒精度）的艱難葡萄酒，如果在年輕時就開瓶直接飲用會有非常抗拒的感覺，可是會讓飲用者吃足苦頭。

　　有鑑於此，內比奧羅的釀造目前漸漸分為新、舊兩個派別，

舊派的釀造者會經過長時間浸皮發酵且在大橡木桶熟成，舊派釀造的酒就是如剛才所說，需要非常長時間成熟的類型，而新派的做法則是縮短浸皮時間，使用法國小橡木桶熟成，且偶爾會與巴貝拉（Barbera）葡萄混釀，此派的做法會讓內比奧羅在稍年輕時就達到適飲期。

　　不論是巴羅洛或巴巴瑞斯可，都是非常優秀的內比奧羅產地，不只在義大利，在世界的範圍中都是屬一屬二的好酒，極具陳年潛力，在瓶中再陳放十年至二十年後飲用，才能真正體會到內比奧羅的魅力所在。

4.1.9 格那希（Grenache）／格那察（Garnacha）

　　這個品種可能起源於西班牙東北部的阿拉貢（Aragón）地區，後傳入南法、隆河、義大利及澳洲、美國等其他新世界國家，格那希屬於晚熟的葡萄品種，需要在溫暖至炎熱的氣候下種植，適合種植在岩石或排水性好的土壤上，因其對乾旱有較高的忍耐力，故常被種植於炎熱缺水的地帶。

　　在法國南隆河，格那希被廣泛的種植，用來釀造出名的教皇新堡（Châteauneuf-du-Pape）與隆河丘（Côtes du Rhône）葡萄酒，此處最常見的組合便是之前提到的由格那希、希哈與慕維得爾三種品種

混釀的葡萄酒，被稱爲GSM Blend，酒體飽滿、富有層次並帶著強烈的紅色水果氣息，此釀造的風格同樣影響了再往南的法國南部朗格多克-魯西永（Languedoc-Roussillon）產區，格那希在這同樣被廣泛種植並作爲混釀的重要素材。

格那希在西班牙被稱作格那察，在西班牙最高等級DOCa的兩個產區—里奧哈（Rioja）與普里奧拉（Priorat）是重要的調配品種之一，在里奧哈，格那察主要會與田帕尼歐混釀以提供酒體與香氣，在普里奧拉則是與卡利濃（Carignan）調配出有著黑色水果與烤木頭香氣的深色葡萄酒。

除歐洲之外，最優質的格那希被認爲是來自澳洲的巴羅莎谷地（Barossa Valley）與麥克倫谷（McLaren Vale），此處擁有相當數量的老藤，老藤產出的葡萄酒數量稀少，風味濃縮，帶有濃郁的紅、黑色水果與辛香料的味道，在市場上十分受歡迎。

熟成的格那希皮薄且含糖量高，故釀出的酒有著低酸度、高酒精與豐滿的酒體，較少製作成單一品種，在與其他品種混釀時經常擔任增添酒體的角色，並提供柔順單寧與紅色水果香味，與波爾多左岸梅洛的作用十分類似，適合與各種烤肉，野味等料理搭配。

4.1.10 金粉黛（Zinfandel）
/普里米蒂沃（Primitivo）

　　起源於克羅埃西亞的達爾馬提亞（Dalmatia）地區，在當地15世紀時被稱為Tribidrag，今天人們熟悉的名字是金粉黛或者普里米蒂沃，前者常用於美國加州（California）產區，後者聞名於義大利南部的普利亞（Puglia）地區，金粉黛原本被認為是美國的自有品種，直到近代才由DNA測試證明它來自於克羅埃西亞，並與普里米蒂沃其實是同一品種。

　　金粉黛或普里米蒂沃的特徵是果串大、晚熟與果串成熟不均，有高糖分及高產率的潛力，需要溫暖但不能過於炎熱的生長期，喜好排水良好的沖積土壤，她能被釀造成各種風格，而在美國，粉紅、桃紅酒等微甜口味會被標示為白金粉黛（White Zinfandel）這種風格在

美國非常受歡迎，其銷量是紅葡萄酒的六倍之多。

　　僅管DNA表明了金粉黛與普里米蒂沃是同一品種，但是對於在美國加州或義大利普利亞的釀酒人或當地葡萄酒愛好者來說，可並不喜歡被認爲是一樣的，事實上卽使是同一品種，在不同的風土條件及釀造風格的影響下，仍然會展現出截然不同的差異，以靜態不甜的紅酒而言，在加州的乾溪谷（Dry Creek Valley）及索諾瑪（Sonoma）等地，常會使用舊的大桶或小的新桶予以陳年，所以常會帶有靑草、奶油、椰子、香草的風味，而在義大利南部則會有明顯的鹹感及果乾、香科的香氣，但是兩個產地生產的酒款都會帶有茶葉的味道，很適合搭配亞洲菜或烤肉等料理。

4.2 白葡萄

4.2.1 夏多內（Chardonnay）

　　全世界最廣泛種植的釀酒白葡萄品種，起源於法國東部的勃根地葡萄酒產區，是黑皮諾與白高維斯（Gouais Blanc）的後代，對氣候的適應力非常好，從冷涼、溫和到溫暖的地方都可以生長，在石灰土、白堊土、沙質土壤上有最好的表現，果粒大、皮薄又早熟，使得葡萄潛在含糖量高，可以釀造出非常飽滿的酒體。

　　雖然可以適應相當多的氣候，但是在每種氣候下，表現出的特性也不同，在冷涼的氣候下，她的風味會越偏向青綠色水果，像是檸檬、青蘋果、萊姆等，而在溫暖的氣候，風味則是偏向成熟水果，像是楊桃、紅蘋果甚至是鳳梨、百香果等熱帶水果。

　　而並非像麗絲玲、白蘇維翁等芳香型葡萄一樣，夏多內是屬於香氣較為中性、內斂，並有非常高可塑性的品種，這種易生長、產量

高，又很好做人為加工的品種，非常容易被過於商業化的釀造方式影響，釀造出一大批風格相同、缺乏特色、過度用桶的酒款，以致於在美國甚至發生過ABC潮流，即Anything but Chardonnay的縮寫，就是「不要夏多內都可以」的現象，足以見得當時的葡萄酒愛好者普遍對於此類型夏多內的反彈。

　　時至今日，夏多內已經漸漸擺脫了之前那種ABC時代的印象，愈來愈多的生產者願意傾聽當地的風土條件，在各種不同的氣候及土壤環境下，釀造出各種充滿特色、令人欣喜的風格，使夏多內又重新受到飲用者的喜愛。

4.2.2 白蘇維翁（Sauvignon Blanc）

　　與夏多內同樣是世界上最廣泛釀造的白葡萄酒之一，也是許多人心中最理想的白酒範本——白蘇維翁（Sauvignon Blanc），源自於法國的羅亞爾河（Loire）產區，果粒小，皮薄，屬於芳香型的白葡萄品種，釀造出的白葡萄酒有著清新爽口的酸度並帶著豐富的果香味。

　　雖然在世界許多地方都有種植，但是白蘇維翁對生長的環境卻有些挑剔，首先白蘇維翁適應性較低，花芽易受寒害，也容易受到灰黴病等疾病侵害，需要生產者花比較多的心力來照顧，而且她對於生長的氣候也多有講究，雖然在很多氣候下都能生長，但是太熱的產區無法生產出優良的品質，過多的熱會導致葡萄過快熟成、糖度熟成太早，導致沒有良好的酸度與香氣，但是如果生長在日照不足的地方，容易出現帶有青草梗的澀味，這種澀味多數人也視為不良的表現，因

此表現最佳的產區，多是涼爽且日照充足的地方，例如法國的波爾多、羅亞爾河與紐西蘭的瑪爾堡（Marlborough）。

　　一般來說，白蘇維翁在釀造時會傾向於保留她原來的果香味而不會去做過多的修飾，品質優良的白蘇維翁通常帶有明顯但討喜的酸度、清新的口感與輕盈的酒體，香氣方面多以花香與果香爲主，像萊姆、青蘋果、甜瓜、柑橘等，如果葡萄再熟成一些，則會帶有鳳梨、百香果、白桃、百香果等多汁或熱帶水果的感覺，而較著名的例外是在美國加州中央谷地被稱爲Fume Blanc的酒款，使用新的橡木桶陳年後會有明顯的木質與香草氣息，再經過瓶陳後會帶有蜂蜜、焦糖、烤麵包等的香氣，雖然降低了在果香上的表現，但提升了陳年潛力與複雜度。

4.2.3 麗絲玲（Riesling）

　　發源於德國萊茵河地區的白葡萄品種，在發源地德國是最廣為種植的品種，具有強烈鮮明的香氣和高雅的酸度，從不甜的干（Dry）型葡萄酒到貴腐、冰酒等的甜酒類型上都有非常好的表現，宛如一位可以駕馭任何角色的女主角，在舞台上散發著耀眼的光芒。

　　麗絲玲屬於晚熟的品種，在相對冷涼的產區可以讓她在不損失過多酸度的情況下，慢慢讓香氛物質成熟，釀出來的酒常有著檸檬、萊姆、柑橘、忍冬花、礦物氣息與標誌性的汽油揮發氣味，在稍微溫暖的區域則會發展出桃子、鳳梨等稍具成熟風味的果味，由於她擁有強烈香氣以及高酸度，讓她在製造為甜酒（貴腐酒、冰酒）時，能與其甜度達成平衡，使酒不致於過於甜膩，另外白酒中酸度也是陳年潛力的指標，品質良好的麗絲玲以擁有數年甚至是數十年的陳年能力而聞名，成熟後的麗絲玲，會帶有相當迷人的蜂蜜與烤麵包的香氣。在

食物的搭配上，可以依據成品酒中甜度的差異搭配多種料理，干型酒常見的搭配包括油脂較豐厚的白肉、烤豬肉及重口味的中國、泰國菜，而甜酒則可以看甜度搭配不同的乳酪、甜點等。

　　除了發源地德國之外，在法國的阿爾薩斯及奧地利也生產非常優質的麗絲玲，另外在澳洲的克萊爾谷地與伊甸谷地產地會是不甜與帶有許多柑橘香氣的特徵。

4.2.4 灰皮諾（Pinot Gris / Pinot Grigio）

　　灰皮諾起源於法國，是來自勃根地的皮諾家族，黑皮諾的變種，有著粉紅偏藍色的果實，普遍栽種於法國的阿爾薩斯、德國、義大利北部、美國的俄勒岡州及紐西蘭等地，氣候適應力強，最適合種植在溫暖的深層土上，在法國，灰皮諾被稱爲Pinot Gris，在義大利則被稱爲Pinot Grigio，其實Gris與Grigio在該國都是灰色的意思，因此都常被翻譯爲「灰皮諾」，這兩種稱呼是指同一種葡萄。

　　雖然葡萄品種是一樣的，但是由於法國與義大利的風土條件及釀造方式不同，所以表現在葡萄酒香氣、果味和酸度上也是不一樣的風格，從名稱（Gris or Grigio）其實就可以判斷出大致的差異：在義大利通常會提早一點採收，保留其酸度。因此，義大利的Pinot grigio通常酒體更輕盈，口感偏清爽、新鮮的風格，帶有青蘋果、柑橘、檸

檬、梨子和白油桃的香氣，還有一些香料氣息，而在法國阿爾薩斯的Pinot Gris、則會延長其日曬時間，使葡萄更成熟，同時提高酒精與酒體層次，而且會釀成多種甜度，其香氣會帶有很多甜香料特點，例如，肉桂、丁香、蜂蜜和陳皮等，果香味也會更接近成熟水果。

　　不論在哪個地區，即使栽種與釀造的方式不同，灰皮諾都是相當受歡迎的品種，在阿爾薩斯更是被稱為Noble Grapes——高貴葡萄，除了這兩個國家外，某些新世界的灰皮諾會用橡木桶熟成，進一步增添酒的層次與複雜度，除了純飲之外，灰皮諾也適合搭配海鮮，魚和貝類都是相當經典的搭配。

4.2.5 榭密雍（Semillon）

　　這是產自法國波爾多地區的白葡萄品種，外觀呈金黃色，為早熟型葡萄品種，適合種植在溫暖地區，特點是擁有高甜度但缺乏酸度，因其皮薄而容易被貴腐菌感染的特性，榭密雍成為波爾多最重要釀造貴腐甜酒的品種，著名的貴腐甜白酒產地索甸（Sauternes）及巴薩克（Barsac）便是以此品種釀造甜酒，濃郁、口感圓潤，帶有蜂蜜、焦糖等甜蜜氣息，最知名酒莊當屬伊昆堡，擁有優秀的窖藏實力，另外在法國佩薩克─雷奧良（Pessac-Léognan）及格拉夫（Graves）等產區釀造不甜的白酒時，經常將之與白蘇維翁混釀以為葡萄酒增添酒體。

　　另一個著名的榭密雍產地是澳洲新南威爾斯的獵人谷（Hunter Valley）此處與波爾多同樣有著溫暖潮濕的氣候，於1831年由澳洲葡萄酒之父詹姆斯·布斯比（James Busby）從歐洲法國帶到澳洲種植，

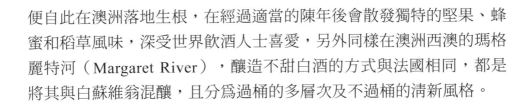

便自此在澳洲落地生根,在經過適當的陳年後會散發獨特的堅果、蜂蜜和稻草風味,深受世界飲酒人士喜愛,另外同樣在澳洲西澳的瑪格麗特河(Margaret River),釀造不甜白酒的方式與法國相同,都是將其與白蘇維翁混釀,且分為過桶的多層次及不過桶的清新風格。

4.2.6 慕斯卡（Muscat）

　　在剛進入葡萄酒世界的時候，還不習慣紅酒的澀與白酒的酸之前，我相信帶有甜蜜的香氣及充沛果味的慕斯卡，一定是許多人踏入這個世界的轉折點，慕斯卡也被稱作麝香葡萄，帶有濃郁的甜美花果香氣，在世界上廣泛的受到喜愛，但事實上慕斯卡不僅是非常古老的釀酒葡萄，也是一個大葡萄品種家族，其變種及分支相當多樣，例如 Muscat blanc à petits grains、Muscat of Alexandria、Muscat Ottonel等，其果實從白色、黃色、粉紅到黑色的種類都有，能適應各種土壤結構，並且在涼爽至中等氣候的產區表現較優秀。

　　慕斯卡具有如此多樣的分支品種，在釀造上也是非常多元，她幾乎可以釀製成所有種類的葡萄酒，包括阿爾薩斯的不甜干型、半甜型、甜酒等的靜態酒，也可以釀成氣泡酒，最出名的莫過於義大利甜型的氣泡酒Asti 與微氣泡酒Moscato d' Asti，在南法的朗格多克一

魯西永（Languedoc-Roussillon），則生產甜型的加烈酒，同樣在希臘，加烈麝香葡萄酒也是有悠久歷史的酒款，而在西班牙，出名的雪莉酒，慕斯卡也是三個被允許用的主要葡萄品種之一，最後在秘魯與智利，有一種稱作皮斯可（Pisco）的蒸餾烈酒，其主要原料也正是慕斯卡麝香葡萄。

　　雖然慕斯卡擁有許多不同的葡萄酒樣貌，不論是靜態酒或是氣泡酒，其中最受歡迎的，或許仍然是帶有甜味的酒款，在冰箱裡冰鎮一瓶甜蜜的慕斯卡，實在是非常適合炎炎夏日呢。

5.
靜態酒的釀造

　　前面介紹了許多釀酒葡萄的品種，那些葡萄是如何變成葡萄酒的呢？這個我們就要先從最基本的葡萄酒型式——靜態酒（Still Wine）的釀造來說起，靜態酒是一般最常見的葡萄酒型式，經過葡萄或葡萄汁發酵而成，沒有氣泡，也沒有經過加烈的程序，靜態酒可以依照顏色分為三種，即紅酒、白酒與粉紅酒，下面就依照這三種不同的靜態酒說明一下他們的釀造方式。

紅酒（Red Wine）

　　首先，進到酒廠的葡萄會經過篩選，挑掉腐壞或是不成熟等因素而不適合釀成酒的果實，然後破皮，這裡的破皮是指壓破葡萄的表皮形成果肉及果汁外露的樣子，而不是像榨汁那樣需要把果汁都壓榨出來的程度，因為發酵階段需要果皮、果肉及果汁都參與其中。

篩選葡萄

　　壓破表皮後，會將其集中放到發酵槽中進行發酵，發酵就是在發酵槽中加入酵母，酵母將糖轉化為酒精及二氧化碳的過程，發酵槽可能是由橡木、水泥或不銹鋼製成的一個無頂蓋的大容器，這樣更方便於發酵時操作及逸散發酵中產生的二氧化碳，紅酒的發酵通常在攝式20至32度間進行，並且會在發酵時進行被稱為酒帽管理（Cap Management）的動作來增加對表皮的顏色、單寧、香氣物質的萃取程度，酒帽就是指那些果皮、果肉等固體型成的物質，這些加強萃取的動作分別是**壓帽**（Punching Down）——將浮在表面的果皮往下壓入發酵的酒液中。**澆灌**（Pumping Over）——從底部抽出汁液再淋回發酵槽上面。**返罐**（Rack and Return）——有點類似澆灌，但是將除了表面的酒帽外的所有液體抽到另一個容器中，使原來的容器只剩酒帽固體在底部後，再將酒液灌回發酵槽，這是一個很強力的萃取方式。**旋轉發酵槽**（Rotary Fermenters）——使發酵在一個旋轉的臥式容器中進行，使果汁與果皮持續接觸。

FERMENTATION

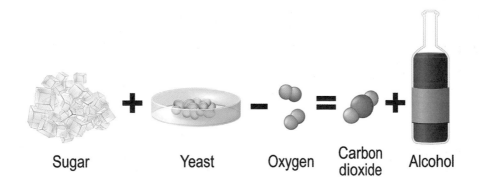

Sugar　　　Yeast　　　Oxygen　　Carbon dioxide　　Alcohol

發酵：在糖中加入酵母，產生二氧化碳與酒精

61

不鏽鋼發酵槽

將酒液澆灌至酒帽上

　　發酵完成後會將發酵槽中的酒液與酒帽分開，已經是液體狀態
的部分稱爲自流酒（Free run wine），另一邊則是酒帽的那些固體物

質，這些物質裡仍然有許多水分，而且剛剛提到的果皮及那些我們需要萃取的物質有部分仍然存在這裡，於是就需要經過壓榨的程序將裡面的酒液榨出，以分離酒渣及酒本身，而壓榨的程度取決於酒廠的決定，如果需要多一點果皮中的要素，則會用強力的壓榨方式盡量取出酒液，而這兩個份的酒液都會各自經過被稱為**蘋果乳酸發酵**（Malolactic fermentation）的程序，這是藉由乳酸菌將酒中的蘋果酸轉換為乳酸的程序，蘋果酸尖銳而乳酸則口感豐厚，帶有奶油味，透過這個程序可降低酒在口感上的酸度。

之後將自流酒與壓榨後的酒做調合，這個混合也可以包括不同品種、地區間的酒，在符合法規的情況下進行一定比例的調配，這個手續在威士忌等烈酒中也常出現，是酒廠風格的與釀酒表現的藝術，是非常非常重要的一環。在混合完成後，酒廠會依照酒的特性選擇要不要進行熟成的動作，如果酒是較平價或是清爽的型態，則比較不會經過熟成，反之酒是濃厚、多層次的風格的話則很有可能會進行橡木桶熟成以增添風味。

最後是過濾及裝瓶，過濾可以分為幾個階段，目的都是為了成品的穩定性，使酒在裝瓶後不易產生非預期且不好的變質，首先是沉降（Sedimentation），將大顆的酒中固質凝結後去除，這個方式可以去除較大的固體酒渣，然後是過濾（Filtration），過濾可分為深度過濾（Depth Filtration）及表面過濾（Surface Filtration）兩種，從字面上可能比較容易混淆，但是深度過濾是過濾較粗的酒渣，而表面過濾則是非常細的篩選器，其孔徑小到足以去除酒中的細菌及酵母，也被稱為無菌過濾，是裝瓶前的最終處理，經過一系列的處理後，酒就會依照需求及當地的文化等等，被分裝在適當的容器中出售了。

白酒（White Wine）

白酒的釀造其實與紅酒有許多相同之處，在講解完紅酒後，白酒就只針對不同或是特別之處提出來說明，首先白葡萄酒之所以為白

色或淺黃、黃色等，是因爲它除了是使用白葡萄品種外，加上去除了其紅黑色果皮的影響，例如日本著名的釀酒葡萄——甲州，它的果實外觀就是呈現粉紅色的，可甲州葡萄酒的外觀多是淡黃色，這是因爲釀造白酒時與紅酒先發酵再榨汁不同，白酒是先榨汁，只使用果汁進行發酵，所以果皮不會影響酒的成色，白酒的發酵溫度比紅酒低，通常在攝式12至22度間進行，在較低溫的情況下更容易保留新鮮的果香類香氣。

白酒在發酵後也會經過除酒渣的程序，Racking off the Lees，Lees就是酒糟，酵母細胞被發酵產生的酶破壞而殘留的酵母顆粒（或稱死去的酵母），但有些酒廠在除渣前會先將酒與酵母顆粒浸泡一段時間，這個過程被稱爲sur lie ageing，法語術語，這段時間酵母會進行酵母自溶（Yeast autolysis）——酵母顆粒會分解，將糖分和蛋白質釋放到葡萄酒中，可以爲酒增添堅果及吐司等風味，這個方式適用於口感較圓潤飽滿的白酒。

去除酒糟之後，同樣的會進到蘋果乳酸發酵的階段，與紅酒不同的是，紅酒的蘋果乳酸發酵基本上是一定會進行的，在紅酒中有太尖銳的蘋果酸通常不被接受，但是白酒則會視酒的本質來決定是否要進行這個步驟或是只將部分的酒實行後再與沒有蘋果乳酸發酵的酒混合，通常不進橡木桶熟成的酒，或是以花果香氣爲主的酒，都會減少蘋果乳酸發酵的比例或是完全不用。最後與紅酒相同，在經過調合及一定程度的過濾系統後，裝瓶上市。

粉紅酒（Rose Wine）

原則上來說，釀造粉紅酒有三種方式。

·直接壓榨（Direct Pressing）

用釀造白葡萄酒的方式，先將黑葡萄榨汁再發酵，在榨汁的過程中加大壓力，從果皮中獲得了一點顏色成份，這是一個需要精準控制的環節，不能從中萃取過多的單寧。

各種顏色的粉紅酒，十分美麗

　　‧短暫浸漬（Short Maceration）

　　將黑葡萄壓破後，使果皮與果汁短暫的接觸，浸漬過程不像釀造紅葡萄酒那樣將果皮完整的留到發酵最後，視需要萃取的程度，在發酵前或發酵中就將果皮從酒液中取出，以少量的取得果皮中的顏色。

　　‧混合（Blending）

　　直接將少量的紅酒與白葡萄酒混合，在歐盟的法規中只有法國的香檳可以以此方式製作粉紅香檳，其他會使用這個方式的多是較平價的新世界粉紅酒。

6.
世界上著名的葡萄酒產地

6.1 法國（France）

6.1.1 波爾多（Bordeaux）

　　法國最大的葡萄酒產地，不論在葡萄酒的品質和數量上，都是法國最負盛名的產區，相信許多人在剛接觸葡萄酒時，也是從這開始的，我想沒有比波爾多更適合當作第一個介紹的產地了。

　　波爾多位於法國西南部，臨近北大西洋的比斯開灣（Bay of Biscay），屬於海洋型氣候，受海洋及墨西哥灣流的影響深遠，大片的水域及溫暖的洋流將生長季延長至十月，使晚熟的葡萄品種有足夠的時間成熟，但是大量的水氣與雨量也可能造成潮濕引發的黴菌及採收前雨量過多而導致葡萄風味被水稀釋的問題，非常考驗釀酒師或葡萄園管理人員對於天氣的判斷應變能力。

　　葡萄酒產區被當地的兩條河流——多爾多涅河（Dordogne）、加隆河（Garonne），及其匯流而成的吉倫特河口（Gironde estuary）分為三個產區，加隆河與吉倫特河口以西及以南的產區如梅多克（Medoc）、格拉夫（Graves）及蘇玳（Sauternes）等產區被稱為「左岸」，多爾多涅河與吉倫特河口以北則為「右岸」，包括波美侯（Pomerol）及聖艾美隆（Saint-Emilion）等產區，多爾多涅河和加隆河中間則為一片石灰岩台地，稱為「兩海之間」（Entre-Deux-Mers），常見的黑葡萄品種為卡本內蘇維翁、梅洛、小維多及卡本內弗朗，白葡萄則是榭密雍、白蘇維翁與密斯卡岱（Muscadelle）。

◆左岸

梅多克（Médoc）

　　如果提到波爾多的左岸地區，就不得不提到五大酒莊，其中名聲最高，也最為人知的，莫過於羅斯柴爾德家族擁有的拉菲酒莊

（Château Lafite Rothschild）了，那什麼是拉菲？什麼又是五大酒莊呢？事情是這樣的，在西元1855年，巴黎世界博覽會（Exposition Universelle）舉行之際，法國國王拿破崙三世為了向世界推廣他喜愛的波爾多葡萄酒，便命令波爾多葡萄酒商會（Bordeaux Wine Council）對波爾多酒莊按照品質、名聲、價格等因素對當時的波爾多酒莊進行分級。當中梅多克的分級Grand Cru Classé最為著名，總共有58個酒莊，分成一至五級，最高級別為一級酒莊Premiers Crus。最初一級酒莊只有四間，分別為拉菲（Lafite Rothschild）、拉圖（Latour）、瑪歌（Margaux）和歐布里昂（Haut-Brion），除了歐布里昂之外，其他四間都位於梅多克產區，直到100多年後的1973年，木桐（Mouton Rothschild）的品質得到所有一級酒莊的認可，就由二級酒莊升級為一級酒莊。自此，我們熟悉的五大酒莊就誕生了。

瑪歌堡：波爾多代表性酒堡

　　那為何產自左岸的五大酒莊如此特別呢？主要是左右岸的風土條件不同、土壤不同，造成適合生長的葡萄品種相異而產生的，也就

是──卡本內蘇維翁，作為一款優良的釀酒葡萄品種，他果皮厚、顆粒小，具有較高的酸度與單寧，能賦予葡萄酒極佳的結構、風味及陳年潛力，在左岸，因加隆河及多爾多涅河沖積了大量砂石，加上河道變化，河水經常沖刷河岸，使左岸佈滿了礫石，礫石地的特點是排水良好且能儲存熱能，使晚熟的卡本內蘇維翁得以成熟，而貧瘠的土壤會促使葡萄努力向下紮根，造就了葡萄深邃的風味，因此，波爾多的左岸較右岸更利於卡本內蘇維翁生長，加上梅洛與少量的卡本內弗朗（Cabernet Franc）或小維多（Petit Verdot），經典的波爾多混釀（Bordeaux Blend），便在左岸成型，造就了五大酒莊。

在往後的100多年間，1855分級制度仍然存在，只是有些酒莊被拆分為2-3間，而有些酒莊進行了合併，目前，1855列級莊已轉變為61間，這個階級也直接提高了這些酒莊葡萄酒的售價，但是當時沒有被排在當時1855分級制度，或是之後才出現的新酒莊就不能接受了，他們認為自己的酒莊產的酒品質仍然良好，甚至可以超過某些管理不良的分級酒莊，而葡萄酒愛好者也同樣認為即使不在分級之列，也是有許多非常優良的酒莊，因此Cru Bourgeois出現了，Cru Bourgeois常被翻譯為中級酒莊，是1932年由法國波爾多工商協會與農業委員會共同制定，目的是鼓勵後來出現或致力於品質提升的酒莊，在當時梅多克地區有444家酒莊入選，而其中又可分為Crus Bourgeois Supérieurs Exceptionnels（6間）、Crus Bourgeois Supérieurs（99間），以及Crus Bourgeois（339間），這些酒款入選完全是由盲飲的品質而定，而到了2003年，6月底在波爾多舉辦的Vinexpo酒展中，官方評定的中級酒莊分級名單才正式被發表，又到了2007年，中級酒莊聯盟提出Cru Bourgeois這個名詞是希望代表葡萄酒的品質，並不表示他們想要新推出一個葡萄酒分級制度，因此取消了Cru Bourgeois Exceptionnel與Cru Bourgeois Supérieur這兩個評等，只留下Cru Bourgeois這個名詞，代表了這個酒莊雖然不在1855分級之列，但是品質經過驗證都是優秀的葡萄酒。

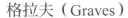

格拉夫（Graves）

解說完複雜的梅多克，往南，我們來到了格拉夫產區，Graves相當於Gravel這個單字，是砂礫、碎石的意思，格拉夫紅酒與白酒都可以生產，紅酒較多，約佔四分之三，這裡的分級制度在1953年形成，但是只有一個級別，那就是Grand Cru Classe，共有16間酒莊，其中紅酒7間、白酒3間，6間紅白酒共同被列級。由於格拉夫的優秀酒莊大部分都聚集於北部的佩薩克（Pessac）與雷奧良（Léognan）地區。所以自1987年起，佩薩克—雷奧良（Pessac-Léognan）獨立出來成爲另一個葡萄酒的法定產區，五大酒莊之一的歐布里昂便是位於此地。

索甸（Sauternes）及巴薩克（Barsac）

另外在格拉大中間，有兩個著名的甜酒產區，1855分級制度除了上述以梅多克地區爲主的分級之外，對於索甸與巴薩克這兩個著名的甜酒產區也有分級，他們分別是特級（Premier Cru Superieur），一級（Premier Cru）與二級（Deuxièmes Crus），而唯一一間特級酒莊便是在甜酒界君臨天下的伊昆堡（Chateau d'Yquem），伊昆堡對於生產的貴腐甜酒品質有著極高的要求，伊昆堡過去的總管亞歷山大（Alexandre）伯爵經常說「沒有失去一切的勇氣，則永遠無法致勝！」因爲釀造貴腐酒需要採摘被貴腐黴感染並脫水的葡萄，然而每串至每顆葡萄感染及脫水的程度不會相同，因此必須採用最原始的人工方式採收，而且要分多次採摘，用這種水分含量極少的葡萄釀造的酒，產量很低，而且每年的氣候並不保證感染的狀況，在過去的一個世紀裡，曾有9個年分，因爲當年的葡萄品質不符酒莊的要求而完全停產，特別是1972年，耗時2個多月、分11次採收的葡萄因爲最終品質沒有達到要求而全數廢棄，當年即宣布不生產葡萄酒，足見伊昆堡對於自家品質的重視。

伊昆堡：索甸區最負盛名的甜酒

◆右岸

　　相較於左岸的規模與較陽剛、男性化的形象，右岸更常被形容為較女性化的特徵，由於較左岸遠離海洋，右岸土質較細，土釀成分以黏土（Clay）、石灰岩（Limestone）為主，此種土質保水力更佳，同時土壤的溫度較低，較不適合種植需要長時間成熟的卡本內蘇維翁，適合種植長生期短、易成熟的梅洛，因此右岸酒混釀以梅洛佔比最高，也常有100%的梅洛出現，其次是卡本內弗朗，第三才是卡本內蘇維翁，卡本內蘇維翁在此地常被用在點綴酸度及提供酒體結構的作用，右岸的風格是柔美優雅，帶有豐沛的紅莓、李子、香草香氣，酒體豐滿，單寧口感較不明顯。

　　右岸最知名的產區莫過於聖愛美濃（Saint-Émilion）與波美侯（Pomerol）了，聖愛美濃分級制度有四級，分別是Premier Grand Cru

Classé 'A'、Premier Grand Cru Classé 'B'、Grand Cru Classé與Former Cru Classé，其中最高級 Premier Grand Cru Classé 'A' 包含了以下四間：Château Ausone、Château Cheval Blanc、Château Pavie與Château Angélus。

　　而另一個右岸的明星產區波美侯呢？是的，波美侯產區是波爾多數個主要產區中沒有修訂分級制度的產區，波美侯占地小，只有約800公頃的酒田，每間酒莊都不大，但是憑藉酒莊自身的釀造理念及不斷的改善品質，令其生產出極為出色的葡萄酒，其中最有名望也最高價的彼得綠（Petrus）就座落在此地，現今的彼得綠葡萄園面積約為11.4公頃，95%種植梅洛，5%為卡本內弗朗，只有在好的年分才會加入些許卡本內弗朗，否則都是以100%梅洛釀造，葡萄園的樹齡約為40至80年，只採收全熟的果實，為了讓陽光將殘留的露水曬乾，每次採收都是在下午，酒莊會出動約200位工人，對要採摘的葡萄仔細挑選，在日落前完成採收的工作，以確保葡萄的品質，只在好的年分出產葡萄酒，如果當年的葡萄狀況沒有達到期望的品質，則當年就不出品，也不生產二軍酒，例如1991年，彼得綠就因為覺得今年品質沒有達到標準，宣佈今年不生產葡萄酒，如此對酒質的堅持，使得彼得綠成為當前世界上要價第二高的葡萄酒莊，第一名則是勃根地的Domaine La Romanee-Conti。

玻美侯標誌與後面的葡萄園

6.1.2 勃根地與薄酒萊（Burgundy and Beaujolais）

勃根地幾乎可以說是葡萄酒中最複雜且迷人的產區，這裡匯聚了許多世界上最優秀的釀酒師及葡萄園，在只有兩種主要葡萄品種（黑皮諾與夏多內）的情況下，釀造出口感與風格千變萬化，且足以稱作標竿的最高品質葡萄酒，對於葡萄酒愛好者而言，勃根地是既華麗讓人沉迷，又無法摸透的迷宮。

勃根地是位於法國中部的一處南北狹長的產區，整個產區都是處於大陸型氣候中，北邊寒冷，愈往南則氣溫愈溫和，此區最高品質的葡萄園都處於面向東、南或東南的斜坡中段，坡度提供了葡萄在強烈西風下的保護，並且面向陽光能最大的取得成長所需的陽光與熱能，較次級的產區則會位於斜坡下的平原地區，或是斜坡的頂端。

此產區的分級制度是以葡萄園為主，因為勃根地的酒莊不似波爾多那樣的規模宏大，在波爾多，相當比例的酒莊（堡）都擁有者自己的葡萄園，例如提到拉圖堡，那用的葡萄就是採收自酒堡周圍的葡萄園，而這個葡萄園也只供給拉圖堡使用，一個酒莊即包含從葡萄生產、釀造到裝瓶銷售等所有工作，而在勃根地，通常一個葡萄園會由許多酒莊分割擁有，一個酒莊也可能在許多葡萄園都擁有一小部分，如果一個葡萄園僅屬於一個酒莊，則還有一個名稱：獨佔園（Monopole），最著名的獨佔園當屬世界頂級名莊羅曼尼・康帝（DRC）的兩個特級園Romanee-Conti與La Tâche。而且勃根地也存在許多酒商酒，即本身並沒有種植葡萄，而是透過買進葡萄或葡萄汁再進行釀造後販售，也有購買已經釀造好的酒，酒商只是裝瓶貼標然後販賣的型式，比起波爾多，勃根地因為通常酒莊的規模較小，所以存在著許多不同的商業模式。除了酒莊與酒商外，還有另一種主流的合作社經營方式，由合作社的成員（通常是葡萄種植者）組成一個團體，共同擁有一家釀酒廠，種植者將他們的葡萄送到此處，並由合作社僱用的釀酒團隊負責釀造的工作，如上所說，因為他們各自的園地

面積太小，以至於他們生產和銷售自己的葡萄酒所需的費用比例太大，從而產生了合作社這個經營模式。

夏布利（Chablis）

明白了勃根地與波爾多酒莊性質的不同，我們從最北邊的夏布利開始介紹，此處只被允許種植夏多內葡萄，依照葡萄園的條件可分為四個等級，分別是特級園（Grand Cru）、一級園（Premier Cru）、夏布利（Chablis）和小夏布利（Petit Chablis），特級園是夏布利中最優良的，這個級別由7塊特級葡萄園組成，每座葡萄園都有自己的微風土條件，讓夏多內有著不同的風格表現，夏布利的白酒通常會帶有像燧石一般的礦物質味道，並且有著相當的陳年潛力，尤其是特級園，通常可以陳年15年以上。

秋天的夏布利葡萄園

金丘（Côte d' Or）

往南來到金丘，這個地區由夜丘（Côte de Nuits）與伯恩丘（Côte de Beaune）組成，是勃根地最精華的產區，這裡依葡萄園建立分級制度，可分為四個等級，分別是特級園（Grand Cru）、一級園（Premier Cru）、村莊（Village）與地區級（Regional），其中最稀有的特級園總是在斜坡的地勢上，只占總產量的1.5%，非常稀少，著名的特級園有Romanee-Conti、La Tâche、Richbourg、Chambertin、Musigny等33座特級園，有趣的地方是，因為這些特級園太出名了，造成它們所在的村莊也希望能與其中的特級園產生關聯，於是可以看到這樣的狀況，名園香貝丹（Chambertin）她所在的村莊被加上特級園的名稱，被稱為哲維瑞—香貝丹（Gevrey-Chambertin），其他擁有名園的村莊也漸漸跟進這個命名方式，這樣生產出的村莊級酒便會與特級園產生連結，進而提高消費者的購買意願。

梧玖園——勃根地著名特級園

北部的夜丘最主要的葡萄酒村由北到南分別是：馬沙內（Marsannay）、菲尚（Fixin）、哲維瑞—香貝丹（Gevrey-Chambertin）、莫瑞—聖丹尼（Morey-Saint-Denis）、香波—蜜思妮（Chambolle-Musigny）、梧玖（Vougeot）、馮內—侯瑪內（Vosne-Romanée）與夜聖喬治（Nuits-Saint-Georges）。

南部的伯恩丘主要的葡萄酒村由北到南分別是：拉朵瓦—斯里尼（Ladoix-Serrigny）、阿羅斯—高登（Aloxe-Corton）、佩南—維哲雷斯（Pernand-Vergelesses）、玻瑪（Pommard）、渥爾內（Volnay）、梅索（Meursault）、普里尼—蒙哈榭（Puligny-Montrachet）與夏山—蒙哈榭（Chassagne-Montrachet）。

夏隆內丘（Côte Chalonnaise）

夏隆內丘的葡萄園佔地約長25公里寬7公里，地處伯恩丘與馬貢之間，與金丘相同，此地仍然是以夏多內以及黑皮諾為主要的種植品種，但因為地勢較高的原因，葡萄園的採收通常會較晚一點進行以確保葡萄有足夠的熟成度，並且此產區的葡萄酒也較金丘更輕盈一些。

馬貢（Mâconnais）

夏多內是此處最廣泛種植的白葡萄品種，雖然也有種植黑皮諾，但紅酒主要由佳美（Gamay）來釀造，此區有數個葡萄酒村，但是最著名的是普依—富塞（Pouilly-Fuissé）與聖維宏（Saint-Véran），從這兩個村名生產的酒，通常會帶有成熟的熱帶水果或核果的香味，且會在橡木桶中陳年一段時間，以加強酒的質地與風味層次。

薄酒萊（Beaujolais）

從馬貢再往南走，就到了薄酒萊，因為地理位置與勃根地的馬貢非常接近，也有人會將薄酒萊視為勃根地的一部分，可能許多

人認識的薄酒萊是每年11月的第三個星期四上市的薄酒萊「新酒」（Nouveau），新酒是使用二氧化碳浸漬法（Carbonic maceration）釀造的，此方法會釀造出保留著強烈的果味，少單寧、顏色淡的易飲葡萄酒，受到全世界的喜愛，但新酒相對的也缺少酒體、酸度等條件，並不適合陳放，隨著新酒愈來愈受歡迎，使用傳統發酵法釀造的薄酒萊反而容易被忽視，但是使用傳統法釀造的薄酒萊其實不只酒質非常出色，也能經得起幾十年的陳放，薄酒萊的葡萄園分為三個等級，由高至低排列分別為特級薄酒萊（Beaujolais Cru）、村莊級（Beaujolais-Villages）和地區級薄酒萊（Beaujolais），上面提到的新酒只允許在地區級或村莊級生產，而由摩貢（Morgon）、風車磨坊（Moulin à Vent）、聖艾姆（Saint-Amour）與其他七個特級村組成的特級薄酒萊，則完全使用傳統法釀造，其品質可以媲美勃根地的黑皮諾。

薄酒萊村莊級新酒(Nouveau)

6.2 義大利（Italy）

6.2.1 皮埃蒙特（Piedmont）

皮埃蒙特位於義大利的西北部，三面被阿爾卑斯山山脈環繞，葡萄園多位於阿爾卑斯山山腳下和波河（Po）沿岸的平原，該地區受到阿爾卑斯山保護，為當地的葡萄園擋風遮雨，因此皮埃蒙特屬於溫和的大陸型氣候，山坡的地型為葡萄園提供了不同坡向與海拔高度的微氣候，此處可見到一種名為涼棚（Pergola）的棚架系統，葡萄藤被修剪纏繞在棚架上，其果實垂在水平的葉冠下，這樣可以保護葡萄不受曬傷，並且保持空氣流通。

這裡主要的黑葡萄品種是內比奧羅（Nebbiolo）、巴貝拉（Barbera）與多爾切托（Dolcetto），白葡萄品種則是科特斯（Cortese）和莫斯卡托（Moscato），著名的葡萄園集中在大城市都靈（Turin）的南部，阿斯蒂（Asti）和阿爾巴（Alba）鎮的周圍，有義大利酒王與酒后之稱的巴羅洛（Barolo）與巴巴瑞斯可（Barbaresco）這兩個產區最負盛名，其他DOC及DOCG級的葡萄園也圍繞在這兩個產區的周邊建立。

值得一提的是，義大利葡萄酒法規下的葡萄酒分級，等級從低到高依序為：餐酒（VdT）、地區酒（IGP或IGT）、法定產區（DOC）及保證法定地區（DOCG），皮埃蒙特全區都不生產IGT或IGP，所有的葡萄酒都可以達到DOC或DOCG等級，也就是說，皮埃蒙特不生產平價易飲的酒款。

巴羅洛（Barolo）

　　提到皮埃蒙特的話，巴羅洛應該是最先需要知道的產區，她位於一個馬蹄型的山谷中，包括了數個村莊，每座村莊都有高海拔且陡峭的向南坡，在這個高度的低溫之下，葡萄可以慢慢成熟，散發出櫻桃、香草的氣息，巴羅洛的酒可能來自於不同村莊的葡萄製成，如果葡萄完全來自同一座村甚至是同一果園，則標籤上可能會標上類似於「Barolo 村（園）名 DOCG」這個字樣，來表示這瓶酒獨特的單一產區風土，此外巴羅洛DOCG必須由100%的內比奧羅釀造，她們有豐滿的酒體、高酸度及高單寧，具了非常優良的陳年潛力，因此為了最大的表現出內比奧羅的魅力，在上市前必須陳年三年，其中18個月必須在橡木桶中，傳統的釀造法會讓酒經過長時間浸皮發酵且在大橡木桶中熟成，而新派的做法則是縮短浸皮時間，並使用法國小橡木桶熟成，但是不論是新舊派，所有的巴羅洛都建議裝瓶後繼續在瓶中陳年，這樣可以有效的軟化酒中的單寧並進一步的賦予葡萄酒類似皮革、松露、雪茄等高級香氣。

巴巴瑞斯科（Barbaresco）

　　與巴羅洛相同，巴巴瑞斯科也以高品質的內比奧羅聞名，這裡也有南向的斜坡但海拔高度略低於巴羅洛，較低的高度代表此地葡萄園的溫度會略高於巴羅洛，致使葡萄在此更容易吸收熱能，更早的成熟，果味更濃郁，但是其他香氣與酸度略低，根據當地的葡萄酒法規，巴巴瑞斯科在上市前至少須要陳年兩年，其中9個月在橡木桶中，所以相較而言，巴巴瑞斯科會比巴羅洛更加柔順、豐滿及更具有女性化的意象，因此被稱為義大利的酒后。

在巴巴瑞斯科山坡上的園地

阿斯蒂（Asti）

　　阿斯蒂的紅葡萄酒以巴貝拉爲主，所生產的Barbera d' Asti DOCG
也同樣有著相高好的品質，巴貝拉是一種較晚成熟的品種，單寧中等
但酸度略高，帶有紅櫻桃及李子的水果香氣，另一種更爲知名的，
則是小粒白慕斯卡Muscat Blanc à Petits Grains這個慕斯卡家族中的一
員，釀造的氣泡酒，釀造時使用阿斯蒂法釀造，成品會帶有明顯的桃
子、葡萄等多汁水果的風味，酒精度低，並會帶有明顯的甜味，應該
趁新鮮時飲用。

阿斯蒂聖瑪麗亞蘇泰大教堂

阿爾巴（Alba）

　　黑葡萄多爾切托在此地被廣泛種植，它比內比奧羅或巴貝拉都早熟，因此可以種植在更涼爽的地方，Dolcetto d' Alba DOC可以生產出最好的多爾切托，這種葡萄酒顏色深，酒體、單寧、酸度都中等，並帶有李子、黑櫻桃等黑色水果的香氣。

加維（Gavi）

　　加維是以科特斯（Cortese）白葡萄為主的產區，位於皮埃蒙特東邊，葡萄園一般建立在山丘上，高海拔與來自熱那亞灣的海風使得葡萄成熟時間長而緩慢，保留了天然的高酸度與花香，一般會使用不銹鋼槽低溫發酵，酒體顏色清淡、酒體輕盈，高酸度，並帶有忍冬花、柑橘、青蘋果、水梨等的味道，部分的釀造者會選擇使用舊橡木容器來進行發酵，以增添葡萄酒的複雜度，這類型的科特斯白酒則可以在瓶中陳年一段時間。

6.2.2 托斯卡尼（Tuscany）

　　托斯卡尼位於義大利的中部，亞平寧山脈（Apennines）以南的地區，該山脈綿延義大利半島中部，葡萄園多建立在此山脈的丘陵或山谷中，海拔高度及涼爽的海風有效的為此地帶來涼爽的氣息，緩和了此地的炎熱氣候，與北部的皮埃蒙特不同，此處是以山吉歐維榭（Sangiovese）為主要的紅葡萄品種，其中兩個產區——奇揚地（Chianti）與蒙塔奇諾（Montalcino）均以生產世界上最好的山吉歐維榭而享有盛名，除了山吉歐維榭之外，此區也釀造以國際品種——例如卡本內蘇維翁、梅洛或希哈為主的超級托斯卡尼（Super-Tuscans）。

托斯卡尼的港口村莊

奇揚地（Chianti）

　　奇揚地位於比薩（Pisa）、佛羅倫斯（Florence）與西恩納（Siena）三座美麗的城市之間，此處以釀造高品質的山吉歐維榭聞名，可再分為七個子產區，有著更明顯的風土特徵的奇揚地葡萄酒可能會被標示為Chianti Rufina DOCG或其他子產區的名稱，但是其中的「經典奇揚地」（Chianti Classico）可不是Chianti DOCG的子產區，經典奇揚地有自己的地理區域標示（Chianti Classico DOCG），她位於整個奇揚地產區的中心地帶，擁有比其他產區都高的海拔位置，也是奇揚地葡萄酒最早也最好的地段，此地的高度延緩了葡萄的成熟，使葡萄更具酸度且帶有明顯的草本香氣，必須在酒廠中陳年12個月才可以上市，而Chianti Classico Riserva DOCG則必須陳放24個月，奇揚地葡萄酒中還有一個名詞為Chianti Classico Gran Selezione，從字面上可以翻譯為「經典奇揚地特級精選」，是奇揚地最高級的名詞，它規定葡萄必須來自單一莊園，且在酒廠的陳年時間達到30個月，雖然法令沒有規定其中在橡木桶中的陳年時間，但大多數優良的奇揚地還是會有部分的陳年時間在桶中渡過。

蒙塔奇諾（Montalcino）

　　蒙塔奇諾位於托斯卡尼的南端、比北部的奇揚地地勢更低，與奇揚地相同，此地也以山吉歐維榭為主要的葡萄品種，山吉歐維榭在蒙塔奇諾被稱為布魯內洛（Brunello），原本當地人認為布魯內洛是另一個獨立品種，所以給他取了這個名字，但是後來過經過分析發現兩者其實是同一品種，此處的產地控制名稱為布魯內洛蒙塔奇諾（Brunello di Montalcino），比奇揚地更濃郁厚重，根據規定必須由100%的山吉歐維榭釀造，且在上市前必須經過至少五年的陳年時間，其中兩年在橡木桶中。

托斯卡尼蒙塔奇諾鎮的景色

沿岸產區（The Coast）

　　此處以平坦的地勢為主，來自海洋的涼爽海風可有效的降低溫度，不像其他托斯卡尼產區以山吉歐維榭為主，這裡以卡本內蘇維翁、梅洛或希哈等常見的國際品種為主要種植品種，儘管沒有取得符合產地控制的DOC或DOCG命名，仍然以Toscana IGT的名義釀造出許多高品質的波爾多風格紅酒，此類酒被稱為超級托斯卡尼，這也是義大利葡萄酒建立國際形象的重要一環，受此影響，許多托斯卡尼葡萄酒生產者繼而仿效，不執著於取得DOC或DOCG等級，而以酒本身的品質為最主要考量，漸漸的，新形成的DOC產區例如Maremma Toscana DOC已經允許葡萄酒可以完全由非義大利品種釀造，給予注重酒質的酒莊正式的肯定。

6.3 德國（Germany）

　　在這個全球最有名的麗絲玲產地，其所釀造的白酒品質可以說是世界上最優秀的產區之一，並且涵蓋了各式各樣的風格——俐落清爽的不甜型、略帶甜度充滿花果香氣的半甜型，到高甜度的貴腐甜酒、冰酒都有，在德國釀酒者的心中，這個品種毫無疑問佔有著最高的地位，但除了白酒之外，黑皮諾（Pinot Noir，在德國被稱爲Spätburgunder）也漸漸獲得了高品質的名聲。

　　大部分葡萄酒產區都集中在德國的西南部，並處於寒冷的大陸型氣候中，除了在最南端的產區巴登（Baden）尚且可以稱作溫和外，其他的產區的氣溫都是非常低的，在這樣寒冷的氣候下，葡萄園的位置及坡向等等因素都會造成巨大的影響，其中最好的葡萄園都聚集在面向南的斜坡上，土壤也以排水好、能保留熱能的石質土壤爲主，這些因素維持了葡萄成長所需的熱能，涼爽且時間長的成熟期，在葡萄在完成糖分及香氣酚類物質的成熟時，仍然可以保留非常明顯的酸度。

　　因爲德國葡萄酒產區大部分都處於相當寒冷的氣候下，要使葡萄完整的成熟就成爲了一件需要各方地理條件及種植者配合的工作，葡萄的成熟與否在德國就成了判斷一瓶酒的主要指標，所以德國的分級制度是以葡萄汁中的含糖量（Minimum must weight）爲標準，在德國分級制度PDO下，可將酒分爲不含任何產區地標的德國葡萄酒（Deutscher Wein），再高一級的地區餐酒（Landwein），優質產區酒（Qualitätswein）及特優產區酒（Prädikatswein），特優產區酒在2007年前被稱作Qualitätswein mit Prädikat（Q.m.P），是德國要求最高的葡萄酒，在釀造過程僅能用葡萄本身的糖，不允許加入其他的糖分來源，例如糖或濃縮葡萄汁。

　　在特優產區酒中，又可以依據自然糖分含量分爲六個不同等

級，這些分級通常會印在酒標上以供識別，他們由低到高分別是：

（1）珍藏（Kabinett）：使用自然成熟的葡萄釀造。

（2）晚摘（Spätlese）：晚一些採收，使香氣更濃郁。

（3）精選（Auslese）：由晚摘中逐串挑選出品質較好的果串。

（4）逐粒精選（Beerenauslese BA）：逐個挑選出完全成熟至過熟的果實進行釀造。

（5）冰酒（Eiswein）：採用自然結冰的葡萄釀造。

（6）乾縮逐粒精選（Trockenbeerenauslese TBA）：挑選出被貴腐菌影響而濃縮的葡萄。

其中珍藏與晚摘可以釀造成不甜或中等甜酒，精選可以從不甜到甜型，而逐粒精選以上只能被用於釀造甜酒。除了以上的官方分級制度外，德國還有一個被稱為VD（Verband deutscher Pradikatsweinguter）的德國名莊聯盟，這個聯盟的成員出品中，最好的的不甜型優質產區酒，會在瓶頸或酒標印上胸前有6顆葡萄的老鷹標誌，並標上Grosses Gewächs或GG，雖然這不是正式的國家葡萄酒法規的一部分，但此標誌普遍被認為是德國最優秀的不甜型靜態葡萄酒。

介紹完德國的地理環境及分級制度，我們來看看德國境內比較著明的產區。

摩澤爾（Mosel）

這個產區為摩澤爾河的沿岸，以麗絲玲為主要葡萄品種，同時也是Grosses Gewächs唯一允許的品種，主要的種植釀造集中在摩澤爾的中部，那裡有許多釀造優質葡萄酒的村莊，例如皮斯波爾特（Piesport）、貝爾恩卡斯特爾（Bernkastel）及韋倫（Wehlen），其中最好的葡萄園座落在陡峭的山坡上，土壤以板岩為主，此處的葡萄酒風格為較輕的酒體與高酸度，香氣以花香及綠色水果為主軸。

摩澤爾出產的麗絲玲白酒

納赫（Nahe）

　　葡萄園依著納赫河畔建立，位於施洛斯伯克爾海姆（Schlossböckelheim）與巴特克羅伊茨納赫（Bad Kreuznach）村之間，與摩澤爾相同，此區最好的葡萄園也位於陡峭的朝南斜坡上，但比摩澤爾稍微溫暖一些，所以釀造出的酒會稍具成熟水果的氣息，而麗絲玲同樣也是這區最廣泛種植的品種。

萊茵高（Rheingau）

　　萊茵高產區雖然占地不廣，卻有著非常高的聲望，大多數葡萄園位於此區的西部、萊茵河的北岸的斜坡上，圍繞著約翰山堡（Johannisburg）與呂德斯海姆（Rüdesheim）的村莊，此處大部分葡萄酒為干型的麗絲玲，酒體適中，帶有明顯的桃子香氣，得利於萊茵河的濕氣創造適合貴腐菌生長的環境條件，部分德國最好的BA

與TBA等級的酒也在此生產，在呂德斯海姆西邊的阿斯曼斯豪森（Assmannshausen）村則是可以釀造出色的黑皮諾（Spätburgunder）與麗絲玲的Grosses Gewächs不甜型葡萄酒。

萊茵黑森（Rheinhessen）

德國最大的葡萄種植區，種植了非常廣泛的黑白葡萄品種，最重要的葡萄園建立在尼爾斯泰因（Nierstein）村周圍、萊茵河西岸的陡峭斜坡上，此區也是德國著名的甜白酒——聖母之乳（Liebfraumilch）的發源地，在萊茵黑森的酒莊大部分都會生產，特點是平價、酒精度低，簡單易飲並帶有甜味。

德國最大的葡萄種植區萊茵黑森葡萄園

法爾茲（Pfalz）

德國第二大葡萄酒產區，其中的葡萄園可以視爲法國阿爾薩斯（Alsace）葡萄園的延續，位於法國邊境以北，此處最廣泛種植

的仍然是麗絲玲，第二是慕勒—圖高（Muller-Thurgau），其白酒
的高品質在德國享有盛名，最成熟且品質優異的葡萄園在佛爾斯特
（Forst）與戴德斯海姆（Deidesheim）附近，這裡出產的大部分是不
甜型白酒，並且在表現上會更加的成熟與濃郁。

巴登（Baden）

德國最南端也是最溫暖的產區，可以生產出酒體最厚實、酒精
度也最高的葡萄酒，最好的葡萄園在一座死火山——凱撒斯圖爾特
（Kaiserstuhl）的南面坡上，巴登以優質的黑皮諾（Spätburgunder）
聞名，也是種植最廣泛的品種。

法蘭肯（Franken）

在這個產區，主導的品種已不再是麗絲玲，而是另一個白葡萄
品種——希爾瓦那（Silvaner），這裡出產的白酒大部分是不甜型
的，酒質清新強烈、帶有果香及土地的氣息，葡萄酒被裝在一種獨特
的扁圓型酒瓶中銷售。

德國地處寒冷地帶，在上個世紀時仍然有許多地區的葡萄難以
達到成熟的標準，幾乎所有的葡萄園都竭盡所能的去提高葡萄成長時
所需熱源的獲取量，因此才會有以葡萄汁中糖分含量，也就是葡萄成
熟度來分級的方式，可是隨著全球暖化的發生，德國許多地區已經擺
脫了這個困境，葡萄漸漸可以順利的在生長期成熟了。

6.4 西班牙（Spain）

　　儘管西班牙擁有相當悠久的釀酒歷史，但是一直到近代才開始在國際間受到重視，釀酒的風格也從使用相當多橡木桶陳年的紅酒到現代的有各式各樣高品質紅、白酒的現況，雖然西班牙許多區域都種植有各種國際品種，但是該國的本土品種，特別是田帕尼歐（Tempranillo）目前愈來愈受到歡迎。

　　該國介於大西洋與地中海之間，佔地廣且釀酒區域幾乎遍布全國，因此可以先將所有的西班牙產區分為三個氣候區塊，首先是從東北部的加泰隆尼亞（Catalunya）到南部的萊萬特（Levante），就是伊比利半島東部，鄰近地中海，屬於溫暖的地中海型氣候，此處的葡萄園依所在的位置決定是受海洋或海拔高度的影響，愈往南愈熱。再來是北部的海岸，此處無疑是受大西洋影響最深的地區，屬於溫和的海洋型氣候，多雨是該地的特點，潮濕環境則所帶來的黴菌感染等的相關問題會是當地最大的風險。最後是梅塞塔高原地區（Meseta Central），四周環山，此地幾乎不受海洋冷風的影響，屬於炎熱的大陸型氣候，降雨量少，只能通過高海拔的低溫來緩和其炎熱的天氣。

　　產區方面，首先介紹西班牙最著名的明星產區**利奧哈（Rioja）DOCa**，利奧哈可以分為三個子區域—Rioja Alta、Rioja Alavesa與Rioja Oriental（2017年以前被稱為 Rioja Baja，但Baja為低下的意思，故將名稱改為Oriental，即東方），這三個子產區以洛格羅尼奧（Logroño）為中心，圍繞著這個城市開闢了葡萄園。Rioja Alta位於洛格羅尼奧西部，厄波羅河（Ebro）以南，Rioja Alavesa是最小的子產區，位於洛格羅尼奧西北，Rioja Alta與Rioja Alavesa在氣候上比較類似，葡萄園都座落於海拔500至800公尺高的山坡地型上，雖然受坎塔布連山脈（Cantabrian Mountains）的阻隔，可是此處仍受部分海洋的影響，比起內陸地區會更多雨潮濕一些，而Rioja Oriental位於洛格羅尼奧以東，比起另外兩個子產區更深入內陸，受海洋影響小，夏季

炎熱而少雨，冬季嚴酷。利奧哈總的來說，以田帕尼歐爲主要的種植品種，在較冷的西部（Alta與Alavesa）表現較好，田帕尼歐通常會與Rioja Oriental盛產的格那察（Garnacha）混釀以獲得酒體與紅色水果風味。

秋天的利奧哈葡萄園

　　加泰隆尼亞（Catalunya）位於西班牙東北部，與法國相鄰，是爲西班牙的自治區，這裡有兩個西班牙最高等級DOCa之一的普里奧拉（Priorat）DOCa，也是著名氣泡酒卡瓦（Cava）的產地，卡瓦在後面的氣泡酒章節中會詳細介紹，此處將以釀造靜態酒的普里奧拉產區爲主，普里奧拉位於塔拉戈納內陸的山坡地上，夏季漫長炎熱，年降雨量低，很適合格那察（Garnacha）與卡利濃（Carignan）這兩種晚熟品種生長，當地的特殊土壤被稱爲llicorella，是由多層的紅色板岩組成，並在其中有許多小雲母石顆粒，受益於llicorella土壤的特性及深度，生長季時所需的熱能及水分能夠保留下來，在低營養的土壤

層加上此處大量老藤的環境下，葡萄酒產量較低，使其能釀造出的葡萄酒極具複雜度，且非常濃縮，通常具有顏色深、高單寧，伴隨著濃郁的黑色漿果及來自法國橡木桶的烘烤香氣。

　　除了利奧哈與普里奧拉之外，西班牙還有一個著名的加烈酒產區，也就是生產出雪莉酒的赫雷斯（Jerez）產區，這個產區因圍繞者赫雷斯—德拉弗龍特拉（Jerez de la Frontera）這個西班牙南部的大城市建立而得名，擁有陽光充足的地中海型氣候，受益於名為Poniente的西風影響，此地平均溫度略低於內地，並有較高的雨量，此地被稱為Albariza的粉質白堊土，在夏季時表面會形成一層乾燥的硬殼，能有效的保留水分，幫助葡萄能渡過炎熱的夏季，而其他關於雪莉酒的細節，在後面的加烈酒章節會詳細說明。

Albariza粉質白堊土

6.5 葡萄牙（Portugal）

　　雖然葡萄牙佔地面積不廣，但是卻有著許多不同的氣候，首先最重要的就是鄰近大西洋的沿海地區為海洋型氣候，內陸的產地受海洋的影響大減，通常是乾燥炎熱的大陸型氣候，這種乾熱的地區需要藉著高海拔來降低高溫，才能種植釀酒葡萄，這種氣候的差異性造就了葡萄牙紅酒多樣的個性。

　　葡萄牙種植著大量的當地葡萄品種，而且相同品種的葡萄在不同的地區有不同的稱呼，這造成了弄懂該國的葡萄酒變成了相當令人困惑的事，所以在這裡以葡萄牙五個較重要的DOC產區來介紹該產區的風格與當地的重要葡萄品種。

　　首先是最北邊的DOC——Vinho Verde，在葡萄牙語中是「綠酒」的意思，這裡的綠是指年輕、青綠的感覺，而不是生產的酒有綠色的色調，此處是一個靠近海的產區，受大西洋的影響是標準的溫和海洋型氣候，年降雨量高，伴隨著高濕度的環境，使得當地的黴菌及相關的疾病成為當地葡萄酒農的一項大挑戰，當地的葡萄園會採用架高的VSP（Vertical Shoot Position 一種藤架系統）使葡萄藤離開地面，遠離接近地面的濕氣，使空氣更容易流通，來避免發黴及改善葡萄的健康。此處的白酒主要由當地的白葡萄品種——如羅雷洛（Loureiro）及阿瑞圖（Arinto）釀造，通常呈淡檸檬色、酒精度低、酸度高，口感清爽俐落，通常也會帶有一絲甜感，也有些酒廠會將其釀造成微氣泡的型式來增加清新的感覺。其中有一種被稱作Vinho Verde Alvarinho的白酒，必須是生長在Monção e Melgaço這個子產區的Alvarinho葡萄（在西班牙被稱為Albariño）釀造，這種白酒比一般的Vinho Verde有著更高的酒精度及更加成熟、接近熱帶水果的果香味。

　　Vinho Verde的東邊是斗羅（Douro），接壤著Vinho Verde但是比

它更內陸，這也是世界上最早的法定產區，也是著名的加烈酒——波特酒的產地，也生產不加烈的靜態酒，但不論是加烈或非加烈酒，都來源於此地的五個葡萄品種，它們分別是國產圖瑞加（Touriga Nacional）、國產弗蘭卡（Touriga Franca）、紅洛列茲（Tinta Roriz，就是西班牙的田帕尼歐Tempranillo）、紅巴羅卡（Tinta Barroca）與紅卡奧（Tinta Cão），其中國產圖瑞加是最知名且優秀的品種，它的產量低、有著深色、濃郁、單寧高的酒體，帶著黑色水果的香氣，通常會使用新橡木桶熟成。

十分陡峭的斗羅河谷

再往南一點是百拉達（Bairrada）DOC，也是接近大西洋的海洋型氣候，有著溫暖的夏季與多雨的秋冬，這裡主要的葡萄是巴加（Baga），是一種晚熟的黑葡萄品種，果小而皮厚，能賦予葡萄酒較深的顏色及厚重的單寧、常與其他品種混合，例如國產圖瑞加、或是國際品種卡本內蘇維翁、梅洛、希哈等。

Quinta do Tedo的S形彎曲河

　　在百拉達的東部，是杜奧（Dão）DOC，它位於斗羅地區南部約80公里的山區中，此處的葡萄園大多建立在山丘斜坡上，通常介於海拔200至400公尺之間，不論是日夜還是夏冬之間的溫差都相當顯著，為葡萄的生長提供了絕佳的條件，此處著名的葡萄品種是國產圖瑞加、紅洛列茲、簡（Jean在西班牙被稱為Mencía）與阿弗萊格（Alfrocheiro），來自杜奧的紅葡萄酒通常會呈現出優雅細膩的紅色水果香氣、柔和的單寧與較高的酸度，而阿弗萊格釀造出來的酒顏色更深，並有著黑莓及草莓的味道。

　　最後是葡萄牙最南部的產區阿連特雅諾（Alentejano），這是葡萄牙最大的產區，它並不是DOC，但是它包括了阿連特茹（Alentejo）這個DOC及其他部分，這個地區酒的釀酒法規較DOC寬鬆，可以使用更廣泛的葡萄品種，特別是國際品種。而阿連特茹DOC是分布在阿連特雅諾裡面的八個子產區，總體而言，阿連特茹生長季

較其他DOC區域更爲溫暖，但是在各個子產區間不同的微氣候差異造就了彼此間風格的差異，在較涼爽、潮濕的北部生產出的酒較優雅，而在南邊乾燥炎熱的地區釀造的酒則更豐富多變，阿連特茹經典的紅酒是由阿拉貢內斯（Aragonês在斗羅被稱爲紅洛列茲，就是西班牙的田帕尼歐）與特林卡迪拉（Trincadeira）混釀而成，帶有辛香科、紅色漿果和較高的單寧，另一個重要的品種是阿利坎特·布歇（Alicante Bouschet），原生於南法，而後移植到葡萄牙，這特殊的品種不僅皮是紅色，剝開後連果肉也是紅色的，色澤與單寧含量都很高，也常用於混釀，而國產圖瑞加與希哈的使用量也一直在增加，此處的葡萄酒顏色深、單寧高但是柔和，酒體飽滿，富有成熟水果的表現。

　　說起葡萄牙的葡萄酒，相信許多人第一印象就是出名的加烈酒波特，但是其實葡萄牙的紅酒品質也相當高，並且由於風土氣候的關係，其酒的風味也相當多變，從柔和充滿果味到厚重豐滿的風格都有，而白酒通常是清新簡單，適合趁新鮮時飲用，如果有機會能買到葡萄牙的紅白酒，不妨體驗一下不屬於常見國際品種的不同風味。

6.6 美國（United States）

　　美國是一個佔地廣大的國家，雖然幾乎全國各地都有種植葡萄，但是最重要的葡萄酒產區仍然有下列幾個，分別是加州（California）、華盛頓州（Washington）、俄勒岡州（Oregon）與紐約州（New York），當然，其中產量最多、品質也最優良的，就屬在西岸的加州了，加州是一塊南北狹長的靠海地區，有溫暖的氣候及充足的日照，相對於緯度，寒冷的加利福尼亞洋流造成的影響更為重要，除了受海岸山脈保護的區域外，被洋流影響的區域，冷卻效果相當明顯，在涼爽的海風、山脈坡向及海拔高度的因素下，加州除了擁有適合釀酒葡萄栽種的絕佳條件外，也能在各種不同的微氣候下釀造涵蓋各種風格的葡萄酒，美國以American Viticultural Area（AVA）這個名詞作為地理系統分類。

加州（California）

北海岸區（North Coast AVA）

　　加州可由地理位置分為多個產區，首先是納帕山谷（Napa Valley）AVA所在的北海岸區，此區最靠近海岸而且沒有山脈的阻隔，易受冷涼的洋流影響，來自聖帕布羅灣（San Pablo Bay）的涼風及霧氣會直接從沿海山脈和河谷的間隙中流進葡萄園，顯著的降低了園中的平均溫度。北海岸區最重要的就是納帕郡（Napa County），此處包含了包括納帕山谷與其中許多知名的子產區，例如最南邊的洛斯卡內羅斯（Los Carneros）AVA，此處的葡萄園一半在納帕郡，一半在索諾馬郡（Sonoma County），因有足夠涼爽的氣溫，使得它成為優質的黑皮諾與夏多內的產地，可用於釀造一般的靜態酒或以傳統法釀造氣泡酒，往北的氣候開始變得溫暖，足以讓卡本內蘇維翁成熟，鹿躍（Stags Leap District）、揚特維爾（Yountville）、歐克維爾

（Oakville）與盧瑟夫（Rutherford）AVA等產區都以釀造優秀的卡本內蘇維翁而聞名，其中盧瑟夫AVA因受涼流影響最小，所以白天是最溫暖的，進而釀造出強勁與最富結構的卡本內蘇維翁紅酒，梅洛在這些產區也被廣泛的種植，用於調配卡本內蘇維翁之用，而夏多內與白蘇維翁是此地的主要白葡萄品種，大多帶有成熟的熱帶水果風味。在納帕山谷的最北端是聖赫勒拿（Saint Helena）與卡利斯托加（Calistoga）AVA，這兩個產區同樣受白天高溫的影響，得以生產出山谷中最濃郁、酒體最豐滿的葡萄酒。

日落時的納帕谷

　　在緊鄰納帕郡的西邊，更靠近海洋的是索諾馬郡（Sonoma County），索諾馬比納帕產地更大，氣候更加的多種類，與納帕同樣受到來自海洋的強烈影響，而有過之而無不及，其中的俄羅斯河谷（Russian River）AVA非常涼爽，多霧的氣候，造就了高品質的黑皮諾及夏多內氣泡酒，在俄羅斯河谷北部的乾溪谷（Dry Creek Valley）

AVA則較為溫暖一些，在谷地斜坡上種植著許多老藤金粉黛，平地區則是以白蘇維翁為主，乾溪谷的東北邊，是亞歷山大谷（Alexander Valley）AVA，此地明顯的又更溫暖，此處生產質地柔軟，但是酒體厚重的卡本內蘇維翁及其他著明的國際品種。

在索諾馬郡的北部是佔地廣而多樣化的門多西諾郡（Mendocino），此處被沿海的山丘阻隔了許多海洋的影響，擁有更溫暖且乾燥的條件，以卡本內蘇維翁、希哈及金粉黛為主要的葡萄品種。

中央海岸區（Central Coast AVA）

這個地區有四個重要的產區，他們分別是聖塔克魯茲山脈（Santa Cruz Mountains）、蒙特利（Monterey）、巴索羅布列斯（Paso Robles）與聖瑪麗亞谷（Santa Maria Valley）AVA。

聖塔克魯茲是中央海岸區北部的一個土壤貧瘠的山坡地區，此處氣候溫和，能生產出優雅柔順的卡本內蘇維翁及高品質的黑皮諾與夏多內。

蒙特利產區的葡萄園沿著薩利那斯（Salinas）山谷分布，此處深受寒冷的海洋影響，黑皮諾與夏多內在沿海地區大量種植，而且較遠離海岸的地方，則適合種植卡本內蘇維翁、梅洛與希哈。

巴索羅布列斯可以大致上分為兩個區域，西部受較多海洋冷空氣影響，以優質的金粉黛與希哈聞名，而東部氣候較溫暖，陽光充足且土壤肥沃，此處種植相當多品種的葡萄，例如卡本內蘇維翁、卡本內弗朗、格那希、馬爾貝克等，特徵是柔順且充滿成熟的果味。

最後是**聖瑪麗亞谷**，這裡的氣溫明顯的較低，非常適合種植黑皮諾與夏多內，且此地的霧氣在白天會覆蓋葡萄園，進一步的減緩葡萄的成熟，使其有較高的酸度來平衡強烈的果味。

中央谷地區（Central Valley）

廣大的中央地區身處內陸，氣候乾燥炎熱，多使用灌溉水源，此處也是種植多樣的葡萄品種，例如卡本內蘇維翁、梅洛、巴貝拉（Barbera）與夏多內、白梢楠（Chenin Blanc）等等，但是除了其中的洛迪（Lodi）AVA擁有較優良的金粉黛葡萄園外，其他大部分都用於較生產低價且大量的葡萄酒品牌。

俄勒岡與華盛頓州（Oregon and Washington）

除了加州外，西海岸還有兩個知名產區：**俄勒岡**與**華盛頓**，這兩個產區都在加州北部，葡萄園沿著喀斯喀特山脈（Cascade Mountains）分布，俄勒岡在山脈西部、靠近海岸的區域，同樣深受海洋的影響，氣候溫和，北部以威拉米特谷（Willamette Valley）AVA為主，廣泛種植黑、灰皮諾品種，南部較炎熱，故種植較多卡本內蘇維翁與梅洛。華盛頓則是在山脈東邊，葡萄園離海岸較遠，此區最重要的是哥倫比亞谷（Columbia Valley）AVA，因受山脈阻隔，降雨少，必需使用河水灌溉，加上陽光充足，使得葡萄能達到最佳的成熟度，因此這裡以生產酒體飽滿，適合陳年的卡本內蘇維翁、梅洛以及香氣濃厚的希哈聞名。

紐約州（New York）

這個產區的葡萄園倚著安大略湖（Lake Ontario）南部分布，其中的五指湖（Finger Lakes）AVA最為重要，雖然氣候稍冷，但該區大量的湖水將夏天的熱量儲存到了11月，延長了葡萄的生長期間，此地最出名的麗絲玲有著相當高的品質與濃郁優雅的芳香。

五指湖中的塞內卡湖畔

6.7 澳洲（Australia）

澳洲是一個地處南半球且面積廣大的國家，但大部分國土氣候炎熱，唯有處在受冷涼條件影響的地區，例如海拔高度、緯度、海洋涼流等地區才有種植釀酒葡萄的條件，因此，大部分的葡萄酒產區集中在澳洲的東南部，著名的產區主要分部在南澳洲（South Australia）、新南威爾斯（New South Wales）、維多利亞（Victoria）及其南部的塔斯馬尼亞（Tasmania）島上，在澳洲西南瑞則有瑪格麗特河（Margaret River）及大南（Great Southern）兩個屬於西澳（Western Australia）的產區，在多數的葡萄園中，降雨量一直是葡萄生長季會遇到的問題，許多葡萄園都需要依靠灌溉來補充生長期不足的水分，即便如此，澳洲仍然以生產各種優良國際葡萄品種而聞名於世，在短短的數十年間取得了驚人的成就，讓我們一起來看看以下澳洲的著名產區，以及他們的特點。

南澳洲

這裡是澳洲最多優秀產區的地方，多數優良的葡萄園集中在南部靠海的地區，先說最南部的**庫納瓦拉（Coonawarra）**這裡有一種獨特的紅色土壤，被稱為Terra rossa，這種紅土是黏土中帶有氧化鐵形成的，適合種植卡本內蘇維翁，為其增添了豐富的果香、濃郁的酒體及優雅的酸度。

接下來是沿著海岸的**麥克拉倫谷（McLaren Vale）**，此處受涼爽的海風影響，降低了平均溫度，卡本內蘇維翁、希哈、梅洛及格那希都在這裡可以看見，擁有柔順的單寧及足夠的複雜度。

阿德雷德丘（Adelaide Hills）位於麥克拉倫谷的東北部，葡萄園都種植在海拔400公尺以上的山區中，這裡以白葡萄酒為主，生產清爽的白蘇維翁與優雅的夏多內，同時也生產黑皮諾，常與夏多內混釀以釀造氣泡酒。

被稱為Terra rossa的紅色黏土層

　　再往北一點點，就到了著名的**巴羅莎谷（Barossa Valley）**，巴羅莎谷是澳洲優質葡萄酒的中心地帶，在溫暖乾燥的環境下，此地擁有希哈、卡本內蘇維翁與格那希的老藤，得以生產出相當集中、濃郁、飽滿與多層次的紅酒，特別適合在橡木桶中陳年。

　　在巴羅莎谷的東邊臨接著**伊登河谷（Eden Valley）**，這裡最出名的要屬麗絲玲，產自較涼爽的葡萄園，具有濃郁的萊姆及葡萄柚的香氣。

　　（註：澳洲的Barossa產區包含了Barossa Valley與Eden Valley兩個子產區，如果一瓶酒標示為Barossa而非Barossa Valley，那可能由來自兩個子產區的葡萄釀造）

　　最後是最北邊的**克萊爾谷（Clare Valley）**，這裡的葡萄園多建立於高海拔的山區地形中，高度從300至600公尺都有，加上擁有十一種主要的土壤類型，使此地的葡萄酒十分多元與複雜，其中最成功的仍然是麗絲玲，有著強烈的柑橘與萊姆香氣，同時帶有很高的酸度，陳年潛力十足，可以進一步發展出蜂蜜、烤吐司、奶油等特性。

地勢複雜的克萊爾谷地

新南威爾斯

　　相較於南澳洲，新南威爾斯較出名的產區是在東部靠近海岸的**獵人谷（Hunter Valley）**，這裡是澳洲最古老的葡萄酒產區，並以優質的希哈與榭密雍聞名，獵人谷因靠近海岸，氣候潮濕炎熱，在此地的葡萄園必須有良好的樹冠管理來減少因潮濕的環境而造成的果實腐爛，這裡的榭密雍酒體輕盈，酒精度低而酸度較高，經過陳年後會演變出堅果、土司或蜂蜜的風味，而希哈會帶有像黑莓、黑櫻桃等的深色果實風味，並有柔和的單寧及中等的酒體。

維多利亞

　　在新南威爾斯南邊，是臨近南部海域的維多利亞，此處也是澳洲最冷涼的產區之一，產區圍繞著墨爾本（Melbourne）這個城市分布，首先是墨爾本西南部的**吉朗（Geelong）**，生產高品質的夏多內，另外也使用夏多內與黑皮諾釀造氣泡酒。在墨爾本南部的是**莫寧頓半島（Mornington Peninsula）**，此處因是半島地型，深受海洋影

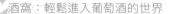

響，擁有從涼爽至溫和的氣候，同樣生產著優質的夏多內與黑皮諾，特徵是輕盈、優雅、細緻以及帶有明顯的酸度。最後是墨爾本在東北部的**雅拉河谷（Yarra Valley）**，這是一個內容多元的產區，擁有相當廣的海拔高度及坡向，因此能生產出風格多變的葡萄酒，但是最著名的仍然是其生產的優質氣泡酒。

塔斯馬尼亞

塔斯馬尼亞是一個在維多利亞南邊的島嶼，有著涼爽的海洋型氣候，此地原本是澳洲氣泡酒基酒的主要產地，許多澳洲的氣泡酒都先在這種植與釀造為基酒後送往本島再進行氣泡酒的釀造，但是近期該地區釀造的黑皮諾、夏多內、灰皮諾與白蘇維翁等靜態酒也獲得了不錯的評價。

西澳

這個產地位於澳洲的西南端，遠離大多產地的東南部，此處最著名的產地為最西邊，在珀斯（Perth）以南約200公里處的瑪格麗特河，靠海，屬於溫暖的海洋型氣候，降雨量相較其他澳洲的產區是比較充足的，這裡的氣候、土壤、種植品種都與法國的波爾多產區極為相似，紅酒以卡本內蘇維翁為主，與梅洛混釀成經典的波爾多左岸風格，白酒則主要由榭密雍與白蘇維翁混釀而成，有著熱帶水果的風味並帶有較高的酸度。另外在西澳有一個較廣闊的大南產區，生產深色的卡本內蘇維翁與帶有明顯胡椒風味的希哈。

6.8 紐西蘭（New Zealand）

在南半球的一個海島型態的國家，大部分屬於海洋型氣候，可以分為北島及南島兩個區域，北島的平均溫度較南島高，紐西蘭的葡萄園都有充足的日照與涼爽的海風，使得晝夜溫差大，葡萄成熟期較長，使葡萄能在達到糖分及風味物質成熟的同時保持一定的酸度，造就了紐西蘭最為出名、清新又充滿活力的白蘇維翁，但是紐西蘭不是只有優質的白蘇維翁，其他品種也有很好的表現，以下就從南、北島的著名產區來介紹這個國家的葡萄酒。

南島（South Island）

提到南島甚至是整個紐西蘭，都會先提及這個在南島東北端的產區——**馬爾堡（Marlborough）**，這裡是紐西蘭最重要的葡萄種植地，白蘇維翁在此地極負盛名，葡萄園分布在懷勞（Wairau）及阿沃特雷（Awatere）這兩相鄰的河谷中，懷勞河谷擁有許多不同海拔高度與坡向的葡萄園，生產風格多元且較帶有成熟水果的氣息，而阿沃特雷河谷比較乾燥及涼爽，生產的白蘇維翁則更具酸度。馬爾堡除了有優質的白蘇維翁外，黑皮諾帶有紅櫻桃、蔓越莓及紅莓等紅色水果的香氣，在市場上也是極受好評。

在馬爾堡西邊的是尼爾森（Nelson）產區，與馬爾堡大小相當，但是比馬爾堡更潮濕及氣溫更低，適合種植白蘇維翁、黑皮諾及灰皮諾。

往南來到南島中部，這裡有一個佔地較廣的產區**坎特伯雷（Canterbury）**，這裡有兩個主要的葡萄生產地：位於基督城（Christchurch）西邊的平原及北部的懷帕拉（Waipara）河谷，此區同樣種植許多白蘇維翁及黑皮諾，但是其中也有高品質的麗絲玲產出。

紐西蘭最重要的產區馬爾堡

　　最後是南島最南邊的**中奧塔哥（Central Otago）**地區，位於南緯45度左右，是全世界最南端的葡萄酒產區，葡萄園分布在南阿爾卑斯山脈（Southern Alps）山腳下，且離海洋較遠，屬於大陸型氣候，日照時間長但夜晚溫度很低，為葡萄保持了酸度及延長生長期，這裡種植的絕大部分都是黑皮諾，酒體較飽滿，並帶有濃郁的成熟紅色水果風味，品質極高且市場成長快速，是紐西蘭不容忽視的明星產區。

北島（North Island）

　　最北端的**奧克蘭（Auckland）**位於豪拉基灣（Hauraki Gulf）及塔斯曼海（Tasman Sea）中間，氣候溫暖而潮濕，以種植夏多內、梅洛以及希哈為主。

　　在北島東岸是**吉斯本（Gisborne）**，面臨著海洋，與奧克蘭同樣多雨，日照長，此地以種植白葡萄品種為主，特別是夏多內，佔總量

的一半以上，呈現出成熟熱帶水果的風味。

往南到北島最大的產區霍克斯灣（Hawke's Bay），這個在河口平原的產區是北島最溫暖的地區，日照時間長，且面積僅次於南島的馬爾堡，此地的地形、土壤、海拔高度等因素造成葡萄酒風格相當多樣化，可以大致上分爲四個區域，Costal Areas、Alluvial、Hillsides及River Valleys，其中在Alluvial，有一個被稱爲Gimblett Gravels的區塊，它是谷底一塊擁有良好排水的深色礫石土，由河道變更而形成，累積著大量的礫石碎沙，此處以波爾多式的混釀聞名。

北島最南邊的是由許多小型葡萄園共同組成的懷拉拉帕（Wairarapa），最重要的葡萄園集中在馬丁堡（Martinborough）這個小鎮周圍，這裡溫度較北邊的產區低一些，晝夜溫差大，可以釀造出非常高品質的黑皮諾，酒體中等，帶有成熟的色水果及香料味。

霍克斯灣是紐西蘭最古老的葡萄酒產區

7.
甜酒的釀造

在琳琅滿目的葡萄酒市場上，大部分的靜態酒都是製成不甜的形態、即酵母在發酵階段時消耗掉葡萄汁中所有的糖分轉化爲酒精，使酒中幾乎完全沒有殘糖，在飲用時雖然有各種果香味，但是無法嘗出甜味。而這次要介紹的甜酒（Sweet wine），是在酒的釀造過程中，加入一些特別的手續，使得最後的成品中帶有一定的殘糖量，讓飲用者能確實的感受到酒中的甜味。

製造甜酒主要可分爲以下三種方式：
1. **中斷發酵**：打斷酵母的發酵工作，避免酵母將所有糖轉化爲酒精。
2. **濃縮葡萄中的糖分**：提升葡萄（汁）的濃縮程度，使糖分無法全部被轉化。
3. **加入含糖物質**：直接在酒中添加糖分物質。

中斷發酵

首先來談中斷發酵這個部分，中斷可以透過許多手段達成，因酵母是一種生物，有適合工作的環境，只要在發酵的過程中改變這個變數讓它停止工作，發酵過程便會被停止，透過準確的打斷時機，就可以達到釀造者期望的殘糖量，在中斷發酵這個種類中，我們最常聽到的應該就是兩種加烈酒——葡萄牙的**波特（Port）**與西班牙雪莉**（Sherry）**酒，這兩種加烈酒雖然後續的處理方式不同，但是在發酵時都有透過添加烈酒（通常是葡萄蒸餾酒）的方式，來打斷發酵過程（或說殺死酵母）。波特酒的酒精度一般會在19至22度之間，平均而言一瓶波特大約有20%是加烈的烈酒，而一瓶Fino雪莉酒大約只有3.5%，雪莉酒有分爲不甜型（Fino and Manzanilla、Oloroso、Amontillado及Palo Cortado）與甜型的雪莉酒（PX、Pale Cream、Medium與Cream）（甜型與否取決於加烈的程度，這部分在後面的雪莉酒章節會詳細說明），而波特酒則是甜酒。

另一種中斷發酵的方式是在酒中加入二氧化硫（SO_2）停止酵母的活動後，進行過濾以去除任何剩餘的酵母，這種方式常被用於製造德國的珍藏（Kabinett）與晚摘（Spätlese）酒。

最後是以Asti法製造的Asti氣泡酒，這是一種以冷卻的方式打斷發酵的方法，果汁會在加壓的容器中進行發酵，當發酵的酒精濃度接近7%且到達6大氣壓時，冷卻發酵槽停止發酵並過濾酵母，便產生了帶有甜度、酒精度低的Asti氣泡酒。

濃縮葡萄中的糖分

濃縮葡萄中的糖分同樣可以透過許多方式達成，這種方法普遍被認為是釀造最高品質甜酒的方式，在濃縮的過程中，保留了足夠的酸度，各種香氣都會非常的集中，一款傑出的甜酒，除了甜度之外，更需要充足的酸度與濃郁的香氣，以達到與其甜度的平衡來避免過多的甜膩感。

第一個可以濃縮葡萄中的糖分的方式，是使成熟健康的葡萄染上灰色葡萄孢菌，長出貴腐黴，這種貴腐黴可以幫助生產出世界上品質最優良的甜酒，但是生長的條件較為嚴格，必需要在清晨潮濕且下午乾燥陽光充足的地區，潮濕的清晨有助於貴腐黴生長，貴腐黴會在葡

感染了貴腐菌而乾縮的葡萄串

113

萄的表皮產生許多小孔，到了下午，乾燥的環境可以避免黴菌過度生長，陽光則可以將水分從葡萄表面的孔中蒸散，達到濃縮葡萄汁的效果，由於每串甚至是每顆葡萄感染及縮水的程度不同，通常釀造貴腐酒的果農會在採收期間來回巡視葡萄園，只採收已經達到濃縮標準，適於釀造的葡萄，著名的貴腐酒產地包括法國的**索甸**（Sauternes）、匈牙利東北部的**托卡伊**（Tokaji）、德國及奧地利，但此方法僅限於在成熟健康的葡萄上感染，假設灰色葡萄孢菌感染的是未成熟或是不健康的果實，則會被稱為灰黴病，會帶來大面積的灰瘢及潰爛，直到植物死亡。

第二個便是使葡萄在葡萄藤上結冰後採摘，健康的葡萄在成熟後被留在葡萄藤上直至冬季來臨，氣溫達到冰點時，葡萄中的水分結成冰，在壓榨的過程中會留在果渣中，使壓榨出來的葡萄汁是較為濃縮的狀態，使用這個方式製造的酒就被稱為冰酒，當然，通過在酒廠中冷凍採收下來的葡萄也可以達到相似的效果，但是在講究的產地，

結冰的冰酒葡萄

仍然會以在葡萄藤上結凍後再採收的方式進行，冰酒在德國正式名稱為Eiswein，在加拿大生產的冰酒則是會標上Icewine，值得留意的是Icewine為一個單字，中間沒有分隔，如果在世面上看到Ice wine此類中間有一個空格的，可能並不是正統的冰酒哦。

最後一個是乾縮葡萄，此種方式又可以分為在葡萄藤上乾縮或是在採摘後晾乾，兩者都需要乾燥溫暖的環境，在葡萄成熟之後繼續在葡萄藤上掛曬，使葡萄變為葡萄乾狀後再榨汁釀造。另一個採摘後晾乾的方式被稱作Passerillage，源自拉丁詞「passus」，是指攤開晾曬的意思，這種方式會比平常稍微早一點採收，以保留葡萄中的酸度，採收後放在竹製或木製的平台風乾三個月以上，此時的葡萄串不能太過緊密以確保葡萄可以通風並蒸散水分，這個風乾的過程被稱為Appassimento，而成品在義大利叫做Passito，Passito又可以根據發酵程度及糖分的含量，分為甜型的Recioto和不甜型的Amarone，甜型的Recioto一般發酵的時間為20天左右，發酵會在糖還沒完全轉化成酒精時即停止，而不甜型的Amarone通常會需要更長的發酵時間到40天以上。採用此方式釀造的酒現在也被叫成稻草酒（straw wine）或葡萄乾酒（raisin wine），此種酒會呈現相當迷人的熱帶水果、糖漬水果或燉煮水果、葡萄乾等濃厚的成熟水果風味，除了法國的侏羅（Jura）地區的麥稈風乾甜酒（le vin de paille）、義大利的Recioto della valpolicella外，在西班牙、澳洲、美國、捷克、希臘等地都有類似風格的葡萄酒產出。

加入含糖物質

最後一種加入含糖物質是最直接也最快速的方式，透過直接在發酵完成的酒中添加甜味物質來製造中等甜酒，在德國是在酒中加入未發酵的葡萄汁或甜儲備（Süssreserve）來達成增甜的目的，另外添加精餾濃縮葡萄汁（Rectified Concentrated Grape Must）也可以達成一樣的效果，這個方法適用於大量製造平價的甜酒款。

在木製平台風乾的葡萄，準備製成Amarone葡萄酒

8.
氣泡酒的分類與風格

氣泡酒的釀造可以分爲五種方式：

傳統法／香檳法（Traditional Method / méthode Champenoise）

夏瑪法／大槽法（Charmat Method / Tank Method）

轉移法（Transfer Method）

阿斯蒂法（Asti Method）

二氧化碳注入法（Carbonation）

以上這五種方式，在市面上其實都很常見，這個章節將介紹這五種釀造方式的步驟，以及他們代表的酒款。

香檳（Champagne）

在法國香檳專業委員會（CIVC）的官網上第一行便寫著：Il n'est Champagne que de la Champagne（香檳只來自香檳）。因爲它是目前世界上最具標誌性的葡萄氣泡酒代表，以致於讓人在一開始接觸氣泡酒時，甚至會認爲氣泡酒等於香檳，即所有的氣泡酒都可以稱爲香檳，雖然這個觀念不符合事實，但是卻足以說明香檳在氣泡酒中的地位。

事實上，一瓶氣泡酒要被稱作香檳（Champagne）必須要符合三個主要條件：1.在法國的香檳產區生產，2.使用指定的葡萄品種，主要爲夏多內（Chardonnay）、黑皮諾（Pinot Noir）、皮諾慕尼耶（Pinot Meunier），以及其他少數被允許的品種，夏多內提供礦物感、青草或檸檬等清新的香氣；黑皮諾則是以紅色水果、莓果類爲主；皮諾慕尼耶則帶有蘋果、香蕉、桃子等成熟果香。3.以指定的生產方法（稱爲傳統法或香檳法）所釀造的氣泡酒，以及其他關於Champagne AOC的規範（例如單位產量、葡萄園修整法）才可標註爲香檳。

香檳是使用傳統法產生的氣泡酒，香檳所使用的傳統法，最主要的特點爲使用瓶中二次發酵的方式產生氣泡，先介紹關於傳統法的

釀造步驟，後續提及其他釀造方式時，僅說明與傳統法不同的部分流
程。

傳統法的釀造步驟：
1. 葡萄挑選、壓搾
2. 澄清果汁
3. 第一次發酵（產生基酒）
4. 蘋果酸乳酸發酵（可選）
5. 混合基酒（可選）
6. 裝瓶、加入二次發酵所需的物質（Liqueur de Tirage）
7. 第二次發酵（產生二氧化碳）
8. 轉瓶
9. 除渣、補糖（可選）
10. 包裝

其實一到五的步驟與一般釀造靜態酒並無太大的差異，但是釀
造香檳的採收作業必須完全由人工採收，並且是整串的從葡萄藤上採
下，採收後回到酒廠，便開始壓搾作業，一次放入壓搾容器的量，稱
作1 MARC，等於4000公斤的葡萄，在將葡萄放入容器時，由於葡萄
本身的重量，會將部分的葡萄汁擠壓出來，這個量通常約100-150L，
稱作自流汁（autopressurage），這個部分會被捨棄，因為這些液體通
常含有較多雜質或果實上的塵土等等，排放完自流汁之後將葡萄壓
搾六次，前三次被稱為Cuvée，約2050L，後三次壓搾被稱為Taille，
約500L，有些酒莊會標榜只使用Cuvée作為釀酒的來源，認為Cuvée
是品質最好的一段，但是也有酒莊認為Taille的部分有更濃郁的風味
而將其保留，而壓搾完剩下最後的一些果渣以及一點點的果汁稱作
Rebeche，可用作渣釀白蘭地等的原料。

接下來的澄清、第一次發酵與一般釀造靜態酒差不多，將果汁

放置一段時間後，取出上面清澈的部分，加入釀酒酵母後開始第一次發酵，第一次發酵中，各個酒莊可自由選擇發酵的容器，材質從木桶、混泥土到玻璃都有，不同的發酵槽也會對酒產生不同的作用，但此時發酵不會保留產生的二氧化碳。

結束了第一次發酵而產生基酒後，酒廠便會決定要不要使用蘋果酸乳酸發酵，即使用乳酸菌將酒內的蘋果酸轉化為乳酸，可使酒中的酸度變得柔和，酒廠會依照現實狀況及理想要呈現的風格決定是不使用，全使用，或是部分使用。

在將基酒處理完之後，便是混合的環節，釀酒師在此步驟可選擇混合不同品種、地區、年分的酒來產生理想的基酒，且只有香檳可以使用混合紅白酒的方式製造粉紅酒，其他則需要使用之前提過的直接壓榨或短暫浸漬釀造粉紅酒。

從第六個步驟開始，便是造成傳統法這個釀造方式獨特與費工之處，在基酒中添加酒、糖和酵母的混合物（Liqueur de Tirage），使酵母開始在瓶中產生額外的酒精（約1.4%）與二氧化碳氣泡，此時用暫時瓶塞封住，在一定時間泡渣（Sur latte aging）之後，便開始做轉瓶的動作，此舉是為了之後除渣而使用的，將酒瓶慢慢的轉動及調整角度，持續約四至六周，這個步驟相當耗費人力與時間，目前也有許多酒莊以機器轉瓶（Gyropalette）取代了傳統的人工作業，可節省大量的人力與時間，但仍然有酒莊堅持使用人工轉瓶的作業。

經過轉瓶的階段後，剩餘的酒渣會聚集在瓶頸之處，最常見的除渣法為將酒瓶倒放，插入冰水槽中約4公分，此時聚集在瓶頸的酒渣便會結凍成一整塊，再將酒瓶轉正，移除瓶塞，酒中的壓力會將瓶口的酒渣噴出，即完成了除渣的動作。

由於除渣的過程會損失一小部分的酒液，所以會再將失去的酒液連同糖分一起補回酒瓶中，之前在第一、二次發酵中，酵母會將所有的糖分轉化殆盡，此時的氣泡酒是完全無糖的狀態，補糖所加入的糖量即決定了此瓶氣泡酒最後的甜度，氣泡酒的甜度最早由

香檳訂立，其他氣泡酒的產區很多也延用了此甜度標準，氣泡酒甜度分為7級，依酒中的殘糖量（克/L）而定，由不甜至甜為：Brut Nature（0-3克）、Extra Brut（0-6克）、Brut（0-12克）、Extra Dry（12-17克）、Dry（17-32克）、Demi-Sec（32-50克）及 Doux（50克以上），如果殘糖量為2克，那酒莊可自己選擇要將它標示為Brut Nature、Extra Brut或Brut都可以，需要注意的是，最後的補糖動作主要不是為了讓飲用者感到甜味，而是為了平衡整瓶酒的口感，例如酸度高，又沒有使用蘋果酸乳酸發酵的香檳，可能會為了平衡酒中的酸度而加入較多的補糖。

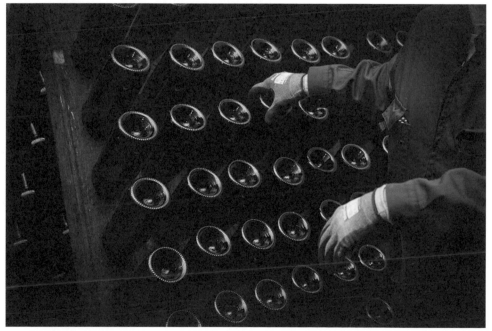

使用人工轉瓶的香檳

最後是清潔瓶身，塞上氣泡酒專用的瓶塞，套上鐵絲線籃，包上封箔，貼上酒標，一瓶香檳就完成了整個製作過程，可以上市囉。

卡瓦（Cava）

介紹完了香檳與它的釀造方式後，可以接著談另一款相似的西

班牙氣泡酒卡瓦，卡瓦的釀造方式與香檳同樣是使用傳統法，當然，在西班牙這個方法並不會被稱作香檳法（méthode Champenoise），上文有提及只有出產自法國香檳區的氣泡葡萄酒並依特定規範生產的才可以稱為香檳，在早期，卡瓦被稱作西班牙香檳，後為了與法國香檳區產的香檳做區分，故改名為卡瓦，95%以上的卡瓦都產自西班牙東北部的加泰羅尼亞地區。

與香檳同樣使用傳統釀造工藝的卡瓦氣泡酒

雖然釀造卡瓦的方法與香檳同樣是傳統法，但是卻是使用不同的葡萄品種，主要選用三種當地白葡萄品種釀製，分別是馬卡貝（Macabeo）、帕雷亞達（Parellada）與薩雷洛（Xarel-lo），然而，一些卡瓦可能還包括夏多內、黑皮諾、格那希等其他品種，但是主要仍以前述那三種白葡萄最為常見，馬卡貝提供桃子、櫻桃、杏、棗子等核果香味；帕雷亞達有著檸檬、青蘋果等清新口感；薩雷洛為酒添加酸度與架構，三個品種互相支持與互補，風味輕爽宜人，果香味豐沛。

在相同的釀造工藝下，卡瓦的價格卻比香檳便宜了許多，在預算有限的情況下，卡瓦是如此的親民可愛，但是這完全不意味著卡瓦的質量不如香檳，卡瓦在西班牙仍然有著嚴格的標準把關，至少需熟成九個月才可上市，當然一些品質更優良的卡瓦會熟成30個月以上都有可能，大部分的卡瓦與香檳相同都是做成無年分的，而且相較香檳而言，它們通常擁有較低的酸度而且非常易飲，喜歡氣泡酒的你，請一定不要錯過哦。

普羅賽克（Prosecco）

除了香檳與卡瓦之外，說到氣泡酒，就不得不提到另一款能與香檳及卡瓦相競爭的氣泡酒，那就是義大利東北部的威尼托（Veneto）生產的普羅賽克，它是由現在被稱為Glera的葡萄品種製成的（在最初，這個品種的名稱也叫做Prosecco，但是太容易與成品的氣泡酒名混淆而改名）。與香檳或卡瓦不同，普羅塞克的產生氣泡的第二次發酵是在一個大槽中，而不是在個別的瓶子裡，這個過程被稱為夏瑪法／大槽法（Charmat Method / Tank Method），這個方式比傳統法的費用更低及更快速。

夏瑪法較適合用在果味濃厚的基酒之中，此方式通常不會經過蘋果酸乳酸發酵或橡木桶熟成，其成品會以果香味為主要目的。它至混合基酒的步驟都與傳統法相同，但在混合後，它並不是像傳統法一樣將混合過的基酒裝入個別的瓶子中，而是將這些酒裝入一個能承受二次發酵所產生氣壓的大槽中並加入酒、糖和酵母的混合物（Liqueur de Tirage）一起做第二次發酵（糖只在此時加入，發酵後不再補糖），在槽中完成第二次發酵並完成過濾，最後進行裝瓶，以此方式釀造的氣泡酒，瓶中的氣壓約3~5個大氣壓，較統法的5~6大氣壓低一些。

普羅賽克是平價清新的氣泡酒代表作

普羅賽克可以分為三種：Prosecco靜態酒——此種類產量非常低，只佔不到0.1%，Prosecco Spumante——普通氣泡酒，約佔72%，也是最常見的普羅賽克型式，最後是Prosecco Frizzante——微氣泡酒，只有1~2.5大氣壓，佔約28%，其他與香檳或卡瓦的不同之處還有普羅賽克不會製成粉紅酒而且甜度只有Brut、Extra Dry與Dry三種。

其他三種釀造氣泡酒的方式便是轉移法、阿斯蒂法與二氧化碳注入法。轉移法是在傳統法的基礎上的改良，避免了昂貴且耗費時間人工的轉瓶及除渣過程，它一樣是採用瓶中二次發酵以產生氣泡，但是在二次發酵結束後，會將瓶中的酒倒入一個大槽中過濾以去除酒渣，再裝瓶上市，一樣是在瓶中二次發酵，但使用轉移法釀造的酒通常會在瓶身標明「瓶裝發酵」，而使用真的傳統法的通常會在瓶身上標示「以傳統法製造」。

阿斯蒂法（Asti Method）主要用在生產甜的氣泡酒Asti，主要產地在義大利皮埃蒙特產區，使用的葡萄品種爲小粒白慕斯卡，阿斯蒂法的特點在於他僅使用一次發酵來產生酒精與二氧化碳，釀造過程爲在葡萄採收及榨汁後，果汁會被冷藏起來儲存，直到要開始釀造時，才讓果汁回復溫度、加入加壓的大槽中進行發酵，在發酵初期，會讓部分產生的二氧化碳逸散掉，在發酵到一半時，密封發酵槽留住二氧化碳產生氣泡，在酒精發酵至約7%時，冷卻大槽以停止酵母活動來停止發酵，此時仍有果汁是未被發酵的狀態，故成品通常帶有相當的甜味，在停止發酵後，卽進行過濾酒渣並裝瓶，阿斯蒂通常帶有強烈的果香、酒精度低、略甜及微氣泡，對於剛接觸葡萄酒的人非常友好，而且價格親民，是夏日可輕鬆飲用的氣泡酒。

最後是二氧化碳注入法，顧名思義便是將二氧化碳直接注入靜態酒之中，與製造碳酸飲料的方式相同，這種方式常用於那些果香強烈的靜態酒之中，例如白蘇維翁（Sauvignon Blanc），這也是所有釀造氣泡酒的方法中最便宜的。

9.
加烈酒（Fortified Wine）

9.1 波特酒（Port）

波特主要在葡萄牙的波爾圖（Porto）與加亞新城（Vila Nova da Gaia）兩個沿海城市周圍釀造，可以分為三個子產區，由西向東分別是Baixo Corgo、Cima Corgo與Douro Superior，葡萄園屬於溫暖的大陸型氣候，西邊的Baixo Corgo最為潮濕，越往東部越顯得乾燥與炎熱，產區內佈滿河谷，地勢陡峭，葡萄種植在被稱為Socalcos，一種由石牆支撐的狹窄梯田上，栽種與採收很難由機械完成，因此種植的人力成本相當高昂。

Socalcos梯田

波特酒由葡萄牙許多當地的葡萄品種混釀而成，主要是國產圖瑞加（Touriga Nacional）、國產弗蘭卡（Touriga Franca）、紅洛列茲（Tinta Roriz）、紅巴羅卡（Tinta Barroca）與紅卡奧（Tinta Cão）。發酵時間略短，在約24至36小時的酒精發酵後，這時酒精含量達到5%至9%之間，其間快速的從果皮萃取顏色與單寧，在酵母尚未將糖分完全轉化前，也就是還含有高糖分時，加入烈酒以殺死酵母，阻止發酵動作，製成一種帶有明顯甜味而且酒精度高的酒，將酒液放入橡木桶中熟化一段時間，再進行調合及裝瓶，不同風格的波特酒就是在熟化期間形成的。

大部分的波特酒都是屬於紅酒，也有少量的白波特與粉紅波特，但是在市面上比較難見到，除了遲裝年分酒及年分波特外，波特酒都是非年分酒，以下介紹波特酒的種類：

常見及較平價的波特，包括紅寶石（Ruby）與茶色（Tawny）波特酒，紅寶石通常陳年1至3年，風格簡單，以果香味為主，茶色雖然

有比紅寶石波特更多的棕色元素，但是它其實陳年時間與紅寶石相同，只是在基酒或釀造的選擇與使用上，讓它染上了較深的茶色。

　　如果一瓶波特酒被標示為Reserve或Reserva，表示該波特酒在紅寶石或茶色的基礎上，至少在橡木桶中經過了6年以上的熟成。

經典的紅寶石波特

　　而在茶色波特酒中最高級的是帶有標示年紀的茶色波特（Tawny with an indication of age），一般市售常見的10年、20年、30年甚至40年的茶色波特就是這種類型，這是經過長時間氧化熟成的波特酒，上面標示的年紀則是酒陳年的平均時間，而且這種波特會在酒瓶上標示裝瓶時間，因為這些酒在裝瓶後會漸漸失去新鮮度，建議買到後即早飲用，由於經過長時間的熟成，這些波特極其集中與充滿複雜度，是許多酒廠的主力波特酒。

　　年分波特（Vintage），這種波特只在特定且最好的年分生產，必須在葡萄收獲的第二年登記說明他的酒廠要生產年分波特，並在第三年前裝瓶，裝瓶前所有的熟化動作會在大橡木桶或不銹鋼槽中進

行，而且完全不經過任何過濾程序，所以可以繼續在瓶中陳年並獲得瓶陳的風味，對大多數生產者而且，年分波特是他們的旗艦款波特，通常3至4年才會生產一次，且會使用最好的葡萄園中生產的葡萄。

　　然後是遲裝年分酒（Late Bottled Vintage），和年分波特相同，會標示年分，而遲裝的意思爲在裝瓶前先經過4到6年的大橡木桶陳年，大部分的遲裝年分酒都經過精細的過濾程序，因此在裝瓶後酒的狀態不太會再發生變化，所以瓶中陳年的意義不大，上市後可立即飲用，而少部分未經過濾的則與年分波特相似，可再從瓶中陳年獲益，不過未過濾的酒容易形成沉澱物，在飲用前需進行換瓶除渣及醒酒。

　　另外還有一種Single Quinta Vintage Port（SQVP）是對由單一莊園（Quinta）和單一年分生產的波特酒的稱號，如果一個製造商擁有許多莊園，那他們會在非常好的年分，從他擁有的許多莊園中挑出最好葡萄拿出來釀造年分波特，而在無法達到製造年分波特標準的時候，製造商就可能會推出這種SQVP，來表示出這是每個單一莊園中最好的酒，雖然可能不如年分波特那樣有聲望，但是這仍然是高品質的波特葡萄酒。

　　以上就是市面上常見到的幾種波特酒類型，除了年分波特與少量未過濾的遲裝年分酒可以繼續瓶陳並獲得額外的風味，其他種類的波特在上市前都會經過過濾，除了無法從繼續陳年中獲得好處之外，風味也會漸漸流失，建議購買後立即飲用。

9.2 雪莉酒（Sherry）

雪莉這個名詞相信大家應該不陌生，許多受歡迎的威士忌都使用過雪莉桶熟成，使酒液更加柔順與增添風味，而雪莉桶就是釀造過雪莉酒的木桶。

雪莉酒主要由三種葡萄釀造——帕洛米諾（Palomino）、佩德羅希梅內斯（Pedro Ximénez 簡稱PX）與亞歷山大慕斯卡（Muscat of Alexandria），使用索雷拉（Solera）系統熟成，索雷拉是一種釀造雪莉酒的層疊樣式，用600公升的橡木桶堆疊出許多層，通常介於三層至十四層之間，可用於生物（Biological）或氧化（Oxidative）陳年。

首先第一次發酵完成的基酒會先被裝在桶中靜置並分類，此時酒液最多佔桶的80%，上層會留一段空氣，釀酒師會依照酒的香氣、口味、顏色、表面形成的酒花（Flor）的生長等因素，來決定使用生物或氧化陳年，兩者主要的差異在於加入烈酒的程度，如果將基酒加烈至17%酒精度，則酒花酵母膜會被殺死，這種酒花酵母膜可厚達2公分，足以阻隔酒與空氣接觸，酵母一但被消滅，酒就會與空氣接觸，即造成了氧化陳年，這類型的加烈方式會在酵母完全轉化糖分前將其殺死，使得酒中帶有明顯的甜味，就是前述中斷發酵來釀造甜酒的方式。反之如果只將酒加烈至最多15%酒精度，酒花就可以繼續存活並與酒發生反應，就形成了生物陳年，這種酒也會成為不甜的形式。

靜置並分類完成的基酒（Sabretabla）會倒入索雷拉系統中加烈並進行陳年，這裡簡單的說一下索雷拉系統的構造，首先最下層就被稱作索雷拉（Solera）層，這是最終要完成陳年的最後一層，往上每一層都叫做Criadera，從Solera開始往上是一階Criadera、二階Criadera……依此類推，愈往上的酒愈新，假設這個系統只有三層，則基酒會被平均倒入二階的每一個桶中，經過數年的陳年後，將二階

的每個桶中取出一部分混合後，再平均倒入一階的各個桶中，再經過數年，再往一階的每個桶中取出一部分混合，再倒入最底的索雷拉層，從索雷拉層再經過陳年後，再從每桶中取出一部分混合，即可裝瓶上市。

酒液表面形成的酒花

　　因為每個陳年區間結束時，裝瓶的產品只會占最久陳釀，也就是索雷拉層容量的一部分，所以在整個索雷拉系統中，總酒液的量其實遠超過每年裝瓶產品的量，大部分的酒都還留在系統中，這代表索雷拉系統是一個需要巨大的投資，且回報晚的釀酒工作，大型的釀酒廠可能會擁有數個索雷拉系統，而一些小型釀酒廠，一個索雷拉系統就是其最大的投入資本。

　　索雷拉系統的使用源於西班牙，但目前在世界各地都有使用索雷拉系統，例如義大利、希臘或澳洲、美國等，因為使用索雷拉系統生成的酒是由多個年分酒的混合，所以幾乎不會在酒瓶上標示年分，但雪莉酒會標示其風格。

索雷拉系統的層疊樣式

　　第一種是使用酒花生物陳年的Pale Cream與Fino，如果是在臨海地區釀造的Fino風格酒款，會被標上Manzanilla，當地的釀酒人認為靠近海邊的地區氣溫較低且潮濕，更利於酒花的生長，風味明顯不同於內陸的Fino，但是其釀造的方式完全相同的。

　　第二種是氧化陳年的Oloso、Cream與PX，PX就是使用PX這個品種葡萄，先經過太陽曬乾之後再進入索雷拉系統，保留了相當多的糖分，所以也是所有雪莉酒中甜度最高的。

　　最後是比較特別的Amontillado與Medium，這兩款酒是先加烈至15%，先讓酒花進行生物陳年一段時間，然後再加烈至17%去除酒花，再進行氧化陳年，是同時擁有生物與氧化風味的酒款。

10.
釀造之後
——侍酒師的工作內容

10.1 侍酒服務

　　侍酒師最重要的工作，就是爲餐廳或酒吧等場所提供侍酒服務，如果在較高價位的法餐或是西餐廳中，有可能會有專門的侍酒師爲顧客進行餐酒的服務，侍酒師會依照當天的店內存酒、菜品及顧客的喜好等因素介紹並推薦適合的酒款，當顧客選定酒款之後，侍酒師會將選好的酒帶到桌邊，請當次的東道主（通常是點酒的人）先確認酒標是否正確，即所帶來酒款及年分的確是顧客所點的酒後，侍酒師會進行開瓶，並請顧客一起確認瓶塞的狀況，是否存在軟木塞汙染、或是酒液漏出等狀況，如果沒有問題，會再將非常少量的酒倒入侍酒師的杯子中，再次確認酒質是否正常，確認後便會將酒也倒一些至顧客的杯子中，請顧客一同確認酒的品質是正常的，如果顧客人數不多，展示與試酒的人可能會包括所有人，不過在大部分的情況下，確認酒質的動作只會是在場主人的工作，在試飲的時候，顧客需要確認酒質是否正常——這包括了酒液的外觀是否清澈、酒中有無汙染的沉澱物及酒中是否有腐壞等不應該出現在酒

侍酒服務是侍酒師主要的工作之一

中的味道，當雙方都表示該瓶酒是良好無異常的情況下，侍酒師才會開始依照順序斟酒，這個順序通常會從年長的女性開始服務，然後依順時針給在場的女士斟酒，等女士的酒杯都有酒了，才會在開始幫在場的男士斟酒，最後才是主人或是點酒客人。

10.2 葡萄酒的庫存管理

　　侍酒師在餐廳基本上是與酒水相關的管理及服務工作，除了侍酒外，還有許多事情可能需要同時兼顧，例如葡萄酒的採購、儲存，服務人員的教育訓練，這章節就來說明一位侍酒師的主要工作之一的葡萄酒的庫存管理。

　　首先是採購的方面，要為一間餐廳採購葡萄酒，要先了解該餐廳的定位及主要供應的菜色，採購可以搭配的葡萄酒，不論是價格、風格、種類等，都會隨著餐廳可提供的菜品與調性做調整。

　　在採購完成後，要對葡萄酒做合適的存放，若存放不當，會直接影響葡萄酒的風味，嚴重的話更有可能導致葡萄酒變質，當然，這並不是說儲存葡萄酒需要很貴重的設備或精密的儀器，一般市售的家用或商用葡萄酒櫃便足以確保葡萄酒的保存環境，但是仍然有一些基本原則要注意：

（一）存放在涼爽且恆溫的環境，最理想的儲存溫度為10至15攝式度，過冷或過熱都有可能導致葡萄酒變質，另外如果溫度變化過大，則會造成瓶口與軟木塞之間因膨脹係數不同，而使酒有機會滲透進軟木塞的周圍，理想的軟木塞開瓶後，應該只有接觸酒的那一面接觸到酒而染上顏色，假如整個軟木塞都被染上了色，那可能是儲存或運送時經歷過大的溫度變化造成。

（二）葡萄酒如果是使用軟木塞則應該保持平放，讓軟木塞可以接觸酒液而保持濕潤，長時間的冷藏會使軟木塞乾燥硬化而失去彈性，以致無法密封酒瓶，最後讓空氣進入酒瓶造成葡萄酒氧化，如果是以旋轉瓶蓋封口的葡萄酒則可以直立存放。

（三）遠離光源，不論是自然陽光或是人工光源都會產生熱，使葡萄酒暖化而加速腐化，人工光源有時也會讓酒有不良的氣味出現。

靜置中的葡萄酒

（四）避免儲存環境的震動，以保持葡萄酒的平放不受干擾，儲存
　　　的設備需保持平穩，而且盡量不要隨意移動葡萄酒。

　　　如果是自己家中有酒櫃或是有儲存葡萄酒的人，以上這些保存
方式也適用於個人的存酒，良好的儲存環境才能確保酒可以一直在最
佳狀態。

10.3 評價葡萄酒

　　今天假如你是一位葡萄酒的愛好者或只是平常喜歡喝一杯的人，那對葡萄酒的品評只有一個要點，就是你喜歡與否，學習葡萄酒的知識是一個可以較快的幫你找到喜歡的酒的方式，例如透過特定的產區、品種等等，在有限的預算及時間下，可以先過濾出一部分你可能會感興趣的酒，但是重點還是要回歸你的個人喜好上，只要你覺得好喝，這瓶酒便是一瓶好酒，但是如果是一位侍酒師、一位葡萄酒、餐廳的從業人員、葡萄酒教育人員，或任何一個專業人士，那品嘗葡萄酒，就不能只依照個人的愛好來決定一瓶酒的優劣。

　　在葡萄酒界，許多專家會使用BLIC葡萄酒品鑑法，也就是從四個面向來評論葡萄酒，即Balance─平衡度、Length─餘韻、Intensity─ 強度與Complexity─複雜度，這四個量度來為一瓶酒做評鑑。

（一）平衡度：這瓶酒中的要素（酸度、甜度、酒精、風味……等），是否達到一個令人滿意的平衡點，是不是有某個元素特別突出而妨礙了其他特點的表現，例如一瓶甜酒如果沒有與之相配來酸度來達到平衡，那這瓶酒可能喝兩口就膩了，或是如果酸度特別高，沒有突出的香氣風味，那就會變得跟醋一樣難以飲用。

（二）餘韻：在喝下（或吐出）酒後，其味道還可以在口腔中持續多久？這個味道不是指那種酒精的感覺，而是酒中的風味，例如果香、木質……等，一般來說，餘韻持續的時間越長，代表葡萄酒的質量越好，比較簡單的算法是紀錄時間，少於5秒算短，5-10秒為中等，超過10秒就算長。

（三）強度：即酒在嗅覺及味覺感知下，風味的強度，這個有點抽象，但是可以想像成這瓶酒倒入酒杯後，你的嗅覺是否可以

很強烈的聞到味道（當然這邊是指好的香味），及入口後這瓶酒的味道帶給你的重量感，葡萄酒大師——黛布拉·梅伯格（Debra Meiburg MW）有一個短片可以很好的形容在嗅覺上強度的判斷，內容為先倒出一杯酒，放在你胸口的位置並慢慢向上移動，直到你聞到這杯酒的香氣，如果你在胸口處就聞得到，那這杯酒的香氣就是強烈，要是在嘴邊時可以聞到，那就是中等，如果需要將鼻子探到酒杯裡才聞得到，那強度就是低。

（四）複雜度：你可以從一杯酒中感知到多少味道，是只有來自葡萄本身散發出的基本花、果香氣？或是還有酵母所帶來的吐司、奶油，木桶給予的木質、椰子、香草，甚至是酒陳年後散發出的果乾、皮革、菸草等，能感受到的味道愈多元，這杯酒的複雜度就愈高。

假設一杯酒以上四個項目都令人滿意，那通常會給這酒傑出（outstanding）的評價，如果有一項沒有那麼達到要求，但是其他是很好的，那也可以給出非常好或還不錯的評價，以此類推，就可以給出一款酒較專業且客觀的評價了。

客觀的評論一款酒是專業人仕的必備技能

10.4 葡萄酒與食物的搭配

　　葡萄酒（或其他酒）與食物的搭配，可以說是一直存在於人類社會中的藝術，雖然單純飲用酒類是沒有問題的，但是自古以來，酒經常是與食物一起出現，各種經典的搭配或各式各樣新穎的搭配方式也不斷被發現，隨著世界交通貿易的發達，除了當地的菜搭配原產地酒這樣的安全搭配之外，各種酒與食物的「結婚」，也在持續的被人所嘗試中。

　　當然，所有的搭配方式最好的辦法就是親自嘗試一下，然而酒與食物都太多種類，不太可能直接盲目的將所有的組合都試一遍，所以在搭配上，有些原則與要點可以協助我們在搭配時有個基礎的概念。

（一）重量：這裡的重量不是食物或酒的分量，而是他們在味道上的分量，即清淡的食物搭配酒體輕的酒，而味道濃郁厚重的食物可以搭配酒體重的酒，做到重量上的對等。

（二）複雜度：葡萄酒配餐的時候，通常有一邊會需要是主體，食物或是酒，另一邊就會成為搭配的存在，一款比較複雜、成熟、或是陳年的酒，可以搭配一些簡單的菜或是輕食，而一款簡單年輕的酒，則可以襯托複雜的食物。

（三）酸度：酒中的酸度可以用於平衡甜度及脂肪的油膩感，使味覺保持清新，因此以酸度較高的酒來搭配油炸、奶油醬之類的食物可以達到去油解膩的功效。

（四）甜度：酒中的甜度必須與食物的甜度匹配，例如一款甜點通常配的也是甜酒，如果甜點配上的酒不如甜點那麼甜，那酒中的甜味會被完全蓋過去，反而會突顯酒中的酸度。

（五）單寧：一款酒如果單寧偏高，會給口中帶來乾澀的感覺，那這款酒可能會比較適合搭配富含脂肪、蛋白質的餐點，食物

中的蛋白質可以與單寧結合並降底單寧帶來的乾澀及苦味，例如牛排配上單寧略高的卡本內蘇維翁或希哈就是經典的組合。

（六）酒精度：酒中的酒精進入喉嚨時會帶來辛辣燃燒的感覺，而如果這時候食物也是辣的話，會更加突顯這種辛辣感，令人感到不適，所以如果要搭配有辣味的食材，盡量選擇酒精度低的酒為佳。

如何將葡萄酒與食物做搭配

11.
理性飲酒——請勿過量

　　雖然前面介紹過許多與葡萄酒有關的事物，他們聽起來似乎也都很好，實際上也應該是如此，葡萄酒或其他酒類製品不論在何種文化或是地區中都經常出現，例如羅馬酒神巴克斯（Bacchus）、希臘酒神狄奧尼索斯（Dionysus）等，都有葡萄酒的象徵和含義，天主教則視葡萄酒爲聖血，飲用酒精飲料已經是人類千百年來的習慣，在適量的情況下，酒是美好的，但是與任何美好的事物相同，對一件事物太沉迷或太過量，都可能會造成傷害，在英國的葡萄酒與烈酒教育基金會WSET（Wine & Spirit Education Trust）或美國國際侍酒師協會ISG（International Sommelier Guild）的課程中，都會有一段是教育酒

類從業者或業餘愛好者關於過量飲用酒精飲料對人體的傷害，過量飲酒短期會對人的記憶、情緒與對行爲的控制力下降，甚至是急性酒精中毒，長期飲用則會造成上癮、酒精依賴、廣泛的神經或腦部疾病、心血管疾病、肝病，且引發惡性腫瘤的機率高達常人的5倍。

理性飲酒才是享受葡萄酒的最佳方式

　　世界健康組織建議每次飲酒不要超過2個單位，一個單位等於12g的純酒精，也就是約相當於2罐啤酒、180ml的葡萄酒，或60ml的威士忌左右，而且在開車或是從事需要專心的事務前，更不可飲酒以免影響判斷能力與反應速度，希望各位都可以在安全的環境及身心狀況下，靜下心來品嘗葡萄酒的美味。

12.
葡萄酒Q&A
——常見的葡萄酒迷思

以酒精濃度判斷酒的優劣

　　各位或許曾經聽過某人在評論一款酒時，拿起酒瓶看了看酒精度就開始批評「這瓶酒酒精度只有多少，不是好的葡萄酒」之類的言論，這顯然是不太適合的評論方法，事實上，判斷一款酒是否為優秀的葡萄酒，來自於酒本身的平衡、集中度、餘韻、保存狀況等許多方面，酒精濃度高的酒可能是因為葡萄品種本身含糖量就高，或是處於較溫暖、陽光充足的地區，使得葡萄較成熟，導致釀造出的葡萄酒有著較高的酒精度，所以並不能單純以酒精高低來判斷，然而，這種說法也不能說是完全的錯誤，之所以會有以酒精濃度來判斷酒的優劣的情況，可能來自在早期年代的某些高緯度地區，例如德國，因氣候寒冷導致葡萄不一定能達到完全成熟，過於青澀的葡萄會釀造出酒精度低、風味清淡且帶有不討喜的酸度與青草味的葡萄酒，在這種情況下，如果是處於能大量接受陽光，土壤保熱力也好的優良葡萄園之中，其種植的葡萄能完全成熟，帶有較高的糖，進而轉化為較多的酒精，使得酒中的酒精度更高、風味更成熟且達成更好的平衡的話，的確會被視為是較佳的葡萄酒，然而隨著全球暖化的影響，很多地區都已經可以輕鬆的讓葡萄在生長期達到完全成熟，這種狀況也就愈來愈少發生了，所以要正確的評論一款酒，還是要從各個面向來討論，酒精度只是其中之一。

能用冰箱保存葡萄酒嗎？

葡萄酒要不要冰在冰箱裡？

對於存放葡萄酒，可能有些人會習慣冰在冰箱裡，但也有人說冰箱是不適合存放葡萄酒的，這邊我們要先從葡萄酒最適合存放的條件說起，葡萄酒保存的最佳原則在前面有提到，不外乎固定的溫濕度、平放葡萄酒，使酒液與軟木塞接觸，保持軟木塞的濕度及彈性、遠離任何光源及盡量在平穩的環境中儲存葡萄酒，減少移動或震動。

從以上的條件來看，冰箱的確不是非常優良的保存空間，主要是因為一般冰箱的溫度過低，而且平常在使用時的開關動作都會震動到葡萄酒，且打開時冰箱會有光源產生，但是就實際面來說，如果是處於氣溫涼爽的高緯度地區，的確存放在不會被光線照射到的陰暗處（例如地下室）就算是相當適合的環境，但台灣地處亞熱帶氣候，氣溫有時可達30度以上，日夜的溫差也可能比較大，更不利於葡萄酒的存放，因此將葡萄酒短暫的儲存於冰箱中是可以被接受的，但是還是建議儲存在冰箱的時間不宜過久，應盡早飲用，如果家中沒有恆溫酒櫃的話，較珍貴且需長時間陳年的酒，建議還是租用或是儲存在專門的店家中較為合適。

葡萄酒是愈老愈好嗎？

關於葡萄酒陳年的問題，相信許多人應該對此並不陌生，在佳士得（Christie's）、蘇富比（Sotheby's）等拍賣會上，可以見到某些老酒以驚人的天價賣出，彷彿酒的價值會隨著時間不斷的上漲，物以稀爲貴，在每年的葡萄酒都是限量款的情況下，特定年分的酒是喝一瓶少一瓶，另外加上遺失、破損等等因素，愈是老的酒愈難留下來，價格也跟著其年代水漲船高，但是此處指的是老酒的稀有度與價格，那以酒質來說，是否也是如此呢？

在酒架上沉睡的老酒

對世界上大部分的葡萄酒而言，被釀造出來後都較適合在香氣還充足時及早飲用，只有那些品質優良、擁有良好陳年潛力的酒，有長久保存的價值，這些酒通常在下列這些特點中，會有較高的表現，即酸度、單寧、酒精度、殘糖量、複雜度、礦物質含量與平衡度，擁有這些條件的葡萄酒，能在長時間的存放中保留其香氣，且酒中的酸度、單寧也會因爲時間的經過而變得柔和，進而發展出更多元、多層次的味道。

然而，即使是擁有最佳陳年條件的葡萄酒，也不表示他們就能被永遠的保存，酒和人一樣，有出生、成長、死亡的週期，再優良的酒終究有一天也會走到盡頭，了解酒的適飲時機並在酒的最佳狀態下飲用，才是對酒的釀造者，飲用的人，以及酒本身最好的事。

所有的酒都需要醒酒嗎？

首先，我們需要先理解什麼是醒酒？醒酒，就是讓葡萄酒與空氣接觸，經過適當的氧化「呼吸」，進而釋放出完整香氣與風味的過程，會使紅酒其中單寧變得柔順，香氣打開，達到最佳的飲用狀況。而醒酒的方式有很多，光是打開瓶蓋讓酒與空氣有所接觸就算是一種醒酒，將酒倒入杯中則更快一些，或是利用醒酒瓶（Decanter），到科技感的電子醒酒器，都是一種醒酒的手段。

而需要做醒酒動作的酒，顧名思義，就是需要去「叫醒」它的酒，這種酒一般在剛開瓶的時候香氣閉鎖、單寧頑固或是酸度尖銳，而這類酒比較會出現在陳年的老年分酒款或年輕但是酒體厚重、單寧強勁的紅酒，例如卡本內蘇維翁、內比奧羅，另外還有一種是經過橡木桶，厚實複雜的白酒，以上這些酒在飲用前都建議可以稍做醒酒，至於醒多久？其實沒有一個定數，有些酒瓶上會有建議的醒酒時間，但每個人的喜好不同，對醒酒到位的標準也會不一樣，可以每隔一段時間去品嚐一下，體驗一下酒的變化，找到自己覺得最佳的飲用時機。

如果當你打開一瓶期待已久，認為它應該是一瓶好酒，但是開瓶時的香氣並不如你所預期的時候，可能並不是這瓶酒有什麼問題，給它一點耐心，放一會兒，等待時間慢慢打開屬於這瓶酒的魅力。

基本的醒酒器，可大面積的讓酒液接觸空氣

紅酒配紅肉，白酒配白肉？

　　我想這個標題應該大部分的人都聽過，也有許多人拿來當做搭餐的標準，但是這是正確的觀念嗎？可以說，有部分是對的，但是不完全是，這句話可以說是之前的章節提過餐酒搭配原理中，對於味道重量對等的考量之一，即食物與酒在味道上的厚重程度要相等，不然會被另一邊掩蓋住，而在一般西餐的烹調方式下，紅肉——即擁有更多肌纖維蛋白（Myoglobin）的牛、羊、鹿等，通常會更帶油脂並且使用厚重的調味，又食物中的蛋白質可以與單寧結合並降底單寧帶來的乾澀及苦味，在這個情況下，搭配紅酒的確是非常不錯的選擇。而白肉的代表——雞肉、海鮮等，則是比較傾向於以原味的方式烹調，或加上較清淡的醬汁，況且紅酒當中的單寧成分可能會加重海鮮的腥味，在這種情況下，自然是搭配白酒更加適合。

　　然而以上的正確情況是對一般的西餐而言，但是到了其他世界各地的菜系下，情況就不同了，在許多亞洲的料理習慣下，雞、魚等也是會使用較重的調理方式，例如三杯、紅燒等等，雖然食材是白肉，但是這種濃厚的醬汁會立刻蓋過酒體清淡的白酒，在這樣的條件下，搭配中等酒體且帶有一定程度辛香料元素的紅葡萄酒會是更好的選擇。

　　因此我們可以說，餐酒的搭配雖然有一個大致的規則可循，但是並不是絕對的，我們應該更注重料理與酒的本質，讓葡萄酒的酒體與口感跟食物達到均衡與互補，兩者達到1加1大於2的美好境界。

如何有系統的學習葡萄酒？

當你已經喝酒一段時間，有天突然覺得希望多了解這個葡萄酒的世界，但是目前只有自己看到什麼喝什麼，以及網路上那些分散的資訊，有沒有什麼機構可以提供有效且全面的葡萄酒課程呢？

當然是有的，世界上有許多非常權威的機構爲了葡萄酒愛好者及相關從業人員準備了一系列的葡萄酒課程，我們就來一起看看，這些課程都有哪些特點吧。

目前世界公認且適合所有人學習的教育系統大概有三個：
Wine and Spirit Educational Trust（WSET）
Court of Masters Sommeliers（CMS）
International Sommelier Guild（ISG）

其中台灣最多機構可代理教學的，就屬WSET了，WSET爲英國政府認證的葡萄酒及烈酒教育基金會。課程適合的對象從剛接觸葡萄酒的新人，一般的葡萄酒愛好者，到葡萄酒從業人員都包含在內，WSET的內容比較多著墨在葡萄酒的生產過程，也就是葡萄園、風土、釀造手法等影響一瓶葡萄酒風味的因素，WSET Level 1 及2難度不高，Level 3則需要多花一點時間在了解整個釀造的因果關係。

ISG爲美國的國際侍酒師協會，在台灣也有實體課程可以學習，ISG成立於1982年，總部位於美國佛羅里達州，是美國各州教育部認可和批准的侍酒師教育機構。至今已有40年歷史，課程較同級WSET時間短一些，難度也稍低，課程內容包括葡萄酒術語、侍酒流程及服務要點、餐酒搭配等，會比較偏向葡萄酒相關的實用技能。

CMS是侍酒大師認證，是全世界最具公信力的侍酒師認證機構，主要對象爲侍酒師等餐飲業葡萄酒從業人員，課程具有一定的難度，最基礎的課程難度與WSET Level 2相等，且考試不只筆試，還有

需要實際操作的「侍酒服務」，可惜的是目前台灣似乎還沒有代理機構可以上課。

　　除了以上三個是有系統的全面教學外，如果是對於某個特定產區或類型有興趣，也有許多關於產區的課程，例如波爾多、香檳、澳洲等，可以在課程中獲得關於該目標更多的細節。

國家圖書館出版品預行編目資料

酒窩：輕鬆進入葡萄酒的世界／彭智頎著. --初
版.--臺中市：白象文化事業有限公司，2023.7
　　面；　公分
ISBN 978-626-364-015-3（平裝）

1.CST: 葡萄酒 2.CST: 品酒
463.814　　　　　　　　　112005311

酒窩：輕鬆進入葡萄酒的世界

作　　　者	彭智頎
校　　　對	彭智頎
封面設計	魏梓芯
圖片提供	彭智頎
發 行 人	張輝潭
出版發行	白象文化事業有限公司
	412台中市大里區科技路1號8樓之2（台中軟體園區）
	出版專線：（04）2496-5995　傳眞：（04）2496-9901
	401台中市東區和平街228巷44號（經銷部）
	購書專線：（04）2220-8589　傳眞：（04）2220-8505
專案主編	陳逸儒
出版編印	林榮威、陳逸儒、黃麗穎、水邊、陳嬋婷、李婕
設計創意	張禮南、何佳誼
經紀企劃	張輝潭、徐錦淳
經銷推廣	李莉吟、莊博亞、劉育姍、林政泓
行銷宣傳	黃姿虹、沈若瑜
營運管理	林金郎、曾千熏
印　　　刷	基盛印刷工場
初版一刷	2023年7月
定　　　價	285元

www.ElephantWhite.com.tw
印書小舖 PressStore 出版藝術

出版 · 經銷 · 宣傳 · 設計

f 自費出版的領導者　　購書 白象文化生活館